VERSTÄNDLICHE WISSENSCHAFT

VIERUNDFÜNFZIGSTER BAND

HERRSCHER IM ALTEN ORIENT

VON

W. v. SODEN

BERLIN · GÖTTINGEN · HEIDELBERG
SPRINGER-VERLAG

HERRSCHER IM ALTEN ORIENT

VON

PROFESSOR DR. W. FRH. v. SODEN
GÖTTINGEN

1.—6. TAUSEND

MIT 42 ABBILDUNGEN

BERLIN · GÖTTINGEN · HEIDELBERG
SPRINGER-VERLAG

Herausgeber der Geisteswissenschaftlichen Abteilung:
Prof. D. Hans Frh. v. Campenhausen, Heidelberg

Printed in Germany

Druck von J. P. Peter, Gebr. Holstein, Rothenburg o.T.

Inhalt

Quellen der Abbildungen

(In Klammern jeweils der Standort der Originale)

Abb. 1. Kartenskizze nach *Friedrich, J.*: Entzifferung verschollener Schriften und Sprachen = Verst. Wiss. Bd. 51. Berlin, Göttingen, Heidelberg 1954.

Abb. 2, 4, 8 u. 13: Photos des Musée du Louvre, Paris. Abzüge von Prof. *Hamann.*

Abb. 3. Délégation en Perse, Mémoires, Vol. I (1900), Pl. X. (Paris, Musée du Louvre.)

Abb. 5. *Meißner, Br.*: Könige Babyloniens und Assyriens. Leipzig 1927. Tafel nach S. 36. (Museum Kopenhagen.)

Abb. 6, 14, 15, 41 und 42: Photos Marburg (Berlin, Vorderasiatische Abteilung).

Abb. 9. Syria, Vol. XX (1939), Pl. XI.

Abb. 10. Syria, Vol. XVIII (1937), Pl. XIII.

Abb. 11. *Parrot, A.*: Studia Mariana. Leiden 1950. Pl. I. (Musée du Louvre, Paris.)

Abb. 12. Syria, Vol. XVIII (1937) S. 331.

Abb. 16, 17, 18 u. 38: *Hall, H. R.*: Babylonian and Assyrian Sculpture in the British Museum. Paris 1928. Pl. XX, XVI/1, XVIII/2 u. LIII/2.

Abb. 20. *King, L. W.*: Bronze Reliefs from the Gates of Shalmaneser. London 1915. Pl. XIII. (London, British Museum.)

Abb. 21. Photo des Musée du Louvre, Paris. Abzug Prof. *Hamann.* (London, British Museum.)

Abb. 22 und 29: *Parrot, A.*: Archéologie Mésopotamienne. Paris 1946. S. 427 u. 432.

Abb. 23. *Loud, G.* u. *C. Altman:* Khorsabad II. Chicago 1938. Pl. I.

Abb. 24, 25, 26 und 35: Photos Marburg (Paris, Musée du Louvre).

Abb. 27. Illustrated London News vom 28. 9. 1935.

Abb. 28, 30, 31 und 32: *Paterson, A.*: Assyrian Sculptures, Palace of Sinacherib. Den Haag 1912. Pl. 92, 32/3, 30 u. 9. (London, British Museum.)

Abb. 33. *Paterson, A.*: Assyrian Sculptures. Haarlem 1901—1907. Pl. CIII. (Berlin, Vorderasiatische Abteilung.)

Abb. 34. Ebenda, Pl. LXXIII. (London, British Museum.)

Abb. 36 und 39: *Meißner, B.* u. *D. Opitz*: Studien zum Bit Hilani. Berlin 1940. Tafel XV u. X. (London, British Museum.)

Abb. 37. Propyläen Kunstgeschichte Bd. II. Berlin 1925. Tafel XXXIII. (London, British Museum.)

Abb. 40. Photo der Vorderasiat. Abteilung Berlin. Abzug Prof. *Hamann.*

Einleitung

Wenn Menschen von heute mit einiger geschichtlicher Bildung auf Herrscher der Großreiche des alten Orients angesprochen werden, so wird in den meisten wohl ein ganz bestimmtes Herrscherbild lebendig, das man, in den Hauptzügen gleichartig gezeichnet, in vielen populären Geschichtsdarstellungen und Schulbüchern finden kann. Man denkt an absolut regierende Großkönige, deren persönlicher Wille einziges Gesetz für ihr Reich ist und mit Hilfe bewaffneter Diener und des Heeres, wo notwendig, brutal durchgesetzt wird. Die Gedanken dieser Könige werden vor allem durch Eroberungskriege beherrscht und nach deren erfolgreicher Beendigung durch Jagden und üppige Hoffeste inmitten der Frauen ihres Harems sowie durch das Bestreben, zu ihres Namens Ruhm gewaltige Paläste und Tempel zu errichten. Zur Durchführung aller dieser Ziele unterdrücken sie erbarmungslos ihr eigenes Volk und noch mehr die fremden Völker und lassen sie unter der Aufsicht peitschenschwingender Fronvögte rücksichtslos Frondienste aller Art verrichten. Sie rechtfertigen das alles damit, daß sie als Könige gottgleich oder mindestens gottähnlich seien und fordern oft genug auch noch göttliche Verehrung. Für innere Auseinandersetzungen innerhalb der Reiche und die dadurch hervorgerufenen zahlreichen Königsmorde macht man gern vor allem Haremsintrigen und persönliche Differenzen der Generäle, Leibwachenkommandanten und Priester verantwortlich und müht sich selten, nach tiefer liegenden Gründen dafür zu suchen. So kommt man zu einem sehr schematischen Bild vom altorientalischen Königtum, das vor allem Gedanken der Abwehr, ja oft des Abscheus erweckt und dem man als positives Gegenbild gern die begeistert mit allen ihren Vorzügen geschilderte griechische Polis und ihre demokratischen Einrichtungen gegenüberstellt.

Wie in andere einseitige Geschichtsbilder sind auch in dieses viele durchaus richtige Einzelzüge eingezeichnet, so daß niemand dieses Bild als ganz falsch bezeichnen wird. Trotzdem ist es in wesentlichen Punkten irreführend und vor allem auch für die Geschichtsbetrachtung des heutigen, nicht mehr blind fortschrittsgläubigen Menschen unfruchtbar. Das hat verschiedene Gründe, von denen wenigstens die wichtigsten hier kurz namhaft gemacht werden müssen.

Der eine Grund ist, daß dieses Geschichtsbild den alten Orient weit über das zulässige Maß hinaus als eine innere Einheit sieht. Ganz gewiß gibt es mancherlei, was etwa im Vergleich mit der antiken Kultur oder der des europäischen Mittelalters allen Kulturen des alten Orients mehr oder minder gemeinsam ist. Hierher gehört etwa das absolute Königtum als vorherrschende, wenn auch durchaus nicht einzige Staatsform, der verhältnismäßig enge Raum, der der Entfaltung der Einzelpersönlichkeit innerhalb der Gemeinschaft eingeräumt wird, und die betont religiöse Bestimmtheit fast aller Äußerungen höherer Kultur auch noch in der Spätzeit der altorientalischen Reiche. Wenn wir aber versuchen wollten, auch nur diese drei Eigentümlichkeiten näher zu bestimmen, so würden wir schnell bemerken, daß sie sich in Ägypten anders ausprägen als in Babylonien oder in Assyrien, bei den Hethitern Kleinasiens anders als bei den Phönikern oder den Israeliten, bei den Sumerern Babyloniens anders als bei den Semiten, die sie ablösten. Gerade die religiösen Gedanken, Ideen und politischen Ideologien, die das Königtum tragen, sind in den zum alten Orient gerechneten Ländern zum Teil grundverschieden und haben sich auch im Laufe der Zeit trotz aller Neigung zum Beharren beim Althergebrachten beträchtlich gewandelt. Jede vorzeitige und zu schnell wertende Typisierung würde uns da den Blick für die geschichtliche Wirklichkeit und das, was wir aus ihr lernen können, trüben.

Der andere Hauptgrund für die Fragwürdigkeit des herkömmlichen Bildes ist, daß in ihm die Bedeutung der Einzelpersönlichkeit des jeweiligen Königs, die ja nicht nur durch die überpersönlichen Ordnungen und Gedanken geprägt wird, nicht richtig zur Geltung kommt. Die politischen und wirtschaftlichen Systeme sind doch nur ein Teil der geschichtlichen Wirklichkeit, und ihr Studium darf uns nicht den Blick für den lebendigen Einzelmenschen trüben. Die schwere Gefahr jedes absoluten Herrschertums mit diktatorischen Vollmachten ist die, daß es dem Abgleiten in eine brutale Tyrannis keine ausreichenden Hemmnisse in den Weg legt. Es hat andererseits aber auch immer wieder einmal Königen, die sich vor ihrem Gott für ihr Tun verantwortlich wußten, die Möglichkeit gegeben, unbehindert durch Interessenkämpfe der Einzelgruppen zum Wohle aller ihrer Untertanen zu arbeiten. Für beides, für den Tyrannen wie für den Landesvater, kennt auch die Geschichte des alten Orients Beispiele, selbstverständlich nie in ganz reiner Ausprägung, weil ja kein Mensch einem Typus voll und ganz entspricht. Unser Ja oder Nein zu einem politischen System darf uns nicht verleiten, die einzelnen Vertreter eines solchen Systems von vornherein positiv oder negativ zu zensieren; wir müssen uns vielmehr bemühen, jeder Persönlichkeit, von der uns geschichtliche Nachrichten Kunde geben, unvoreingenommen gerecht zu werden.

Es würde zu weit führen, hier Herrscherpersönlichkeiten aus allen zu irgendeiner Zeit führenden Ländern des alten Orients zu betrachten. Daher wollen wir uns darauf beschränken, an einer Anzahl von Königen des alten Zweistromlandes Babylonien und des im Norden daran anschließenden Assyrien, beide im Bereich des heutigen Irak gelegen, zu zeigen, wie auch dort die Einzelpersönlichkeit in Auseinandersetzung mit den überpersönlichen Mächten geschichtlich wirksam werden konnte. Die Auswahl aus über 300 Königen, von denen wir Name und mindestens ungefähre Regierungszeit kennen, ist dabei dadurch sehr erleichtert, daß die bisher erschlossenen Quellen uns über die meisten von diesen herzlich wenig sagen. Oft ist es nur der Name, der überliefert ist, in anderen Fällen wissen wir außerdem mehr oder weniger über Herkunft, Kriegszüge und Bauten. Nur bei wenigen Königen können wir den Quellen darüber hinaus auch noch einiges über ihre Persönlichkeit entnehmen, so daß es lohnt, hier, wo keine zusammenhängende Darstellung der Geschichte Babyloniens und Assyriens beabsichtigt ist, etwas über sie zu sagen. Nicht in allen Fällen sind es die nach unserer Kenntnis bedeutendsten Herrscher, auf die die Überlieferung unser Interesse besonders hinlenkt; daher ist die Auswahl der Könige hier zum Teil etwas zufallsbedingt und müßte, wenn später ganz neue Quellen bekannt werden sollten, möglicherweise in einigen Fällen anders getroffen werden. Aber vielleicht wird das Geschichtsbild in mancher Hinsicht dadurch auch echter, daß wir nicht nur von den großen Reichsgründern und Eroberern zu berichten haben, deren äußere Leistung imponiert, sondern daneben auch von solchen, deren Bedeutung für unser geschichtliches Fragen vorwiegend auf anderen Gebieten liegt.

Das, was wir über die einzelnen Könige aussagen können, wird also vor allem durch die Eigenart der jeweils verfügbaren Quellen bestimmt. Es sind dies einmal literarische Quellen, die fast durchweg in Keilschrift in sumerischer oder semitisch-akkadischer (babylonisch-assyrischer) Sprache auf Stein oder Ton (nur vereinzelt Metall) geschrieben sind, und zum anderen Denkmäler der Bau- und Bildkunst. Unter den literarischen Quellen stehen an erster Stelle die Inschriften der Könige selbst, in denen diese ihre Bauten und ihre Kriege, sonstige politische Maßnahmen und deren religiöse Motivierung sowie bisweilen auch noch andere Dinge so darstellen, wie sie sie von ihren Untertanen und der Nachwelt aufgefaßt wissen wollten. Es bedarf keines besonderen Hinweises, daß die Tatsachen in diesen Inschriften oft mehr oder minder stark gefärbt dargestellt werden, so daß wir gut tun, diese Selbstberichte in jedem Fall kritisch unter die Lupe zu nehmen. Als Hilfsmittel der Kritik stehen uns manchmal sogenannte Chroniken, die unter bestimmten Gesichtspunkten ausgewählte Ereignisse verzeichnen, und Darstellungen anderer, vielleicht feindlicher Herrscher oder auch Berichte in anderen Sprachen (z. B. im Alten Testament) zur Verfügung. Für die Herrscherfolge und die Regierungszeiten sind Listen von Königen und von Jahresnamen eine wichtige Ergänzung (die Jahre wurden in Babylonien oft nach wichtigen Ereignissen, in Assyrien nach bestimmten Beamten [sog. Eponymen] benannt); jedoch sind auch die Königslisten nicht in allen Fällen zuverlässig. Mancherlei entnehmen können wir auch einigen religiösen Dichtungen und Rechtsurkunden; vor allem aber sind die Briefe eine überaus wichtige Quelle, und zwar Briefe von den Königen und an sie sowie die Korrespondenzen ihrer Beamten. Wir werden sehen, daß gerade die Briefe oft besonders viel über die Persönlichkeiten der Herrscher und ihrer Berater aussagen; leider stehen sie uns nur für ganz wenige Zeitabschnitte in ausreichender Zahl zur Verfügung. Das aus den literarischen Quellen zu gewinnende Bild läßt sich oft auf Grund des Studiums der erhalten gebliebenen Reste von Bau- und Bildwerken mannigfach ergänzen; denn die Auftraggeber für die Bauten und Bilder waren doch meistens die Könige selbst, und wir können daher annehmen, daß sie auch auf ihre Ausführung im

Einzelnen einen beträchtlichen Einfluß ausgeübt haben. Die Künstler selbst blieben im alten Orient immer ungenannt, so daß wir nicht feststellen können, wie etwa bestimmte Künstler auf einen königlichen Auftrag angesprochen haben und wie weit sie in seiner Ausführung eigene Wege gehen konnten. Bauten und Bilder bleiben für uns nur mit dem Namen des Königs verknüpft, dessen Ruhm oder Frömmigkeit sie künden sollen.

Alle diese Quellen sollen hier nicht in erster Linie danach befragt werden, was ihnen an Einzeltatsachen zu entnehmen ist; es geht hier weder um eine Aufzählung der uns bekannten Feldzüge und Eroberungen noch der Bauten und ihrer Ausstattung. Was uns hier interessiert, ist vor allem die Persönlichkeit des jeweiligen Herrschers in seiner Umwelt, soweit sie aus den Quellen erkennbar wird. Um sie anschaulich zu machen, werden wir möglichst viel die Quellen selbst sprechen lassen und in Abbildungen wiedergeben; denn sie können oft mehr sagen als kritische Betrachtungen ihres Ertrages. Wenn sie uns auch von den führenden Beratern der Herrscher etwas berichten, so soll auch das, soweit das in dem hier gesteckten Rahmen möglich ist, kurz zur Sprache kommen. Denn vieles, was die Könige als eigene Leistungen und Gedanken hinstellen, werden sie in Wirklichkeit ihren Ministern und Generälen verdanken, mag das auch aus unseren Quellen nur selten deutlich hervorgehen. Viele sehr verantwortliche Entscheidungen mußten die Minister in Abwesenheit ihrer Könige selbst treffen, ohne daß sie Weisungen einholen konnten. Wir erfahren davon zumeist nur dann, wenn Briefe erhalten sind.

Ehe wir von den Königen selbst sprechen können, müssen wir noch kurz etwas über den Schauplatz sagen, auf dem sie wirkten, und über den geschichtlichen Rahmen, in dem sie standen (vgl. die Kartenskizze, Abb. 1). Babylonien umfaßt das Gebiet zwischen Euphrat und Tigris von der heutigen Hauptstadt Baghdad südwärts. Die Ausdehnung dieses Gebietes war in vorchristlicher Zeit noch nicht so groß wie heute, weil beide Flüsse ihre Mündung infolge der vielen mitgeführten Sinkstoffe immer weiter vorschieben; das Gebiet von Basra zum Beispiel war damals noch Meer bzw. etwas später Lagune. Die Fruchtbarkeit dieses Landes hängt bei der großen Regenarmut ganz davon ab, daß das Frühjahrshochwasser der Flüsse, das ungebändigt oft größte Zerstörungen anrichtet, in einem Kanalnetz aufgefangen, verteilt und für die trockene Jahreszeit gespeichert wird. Da dieses Kanalnetz immer wieder von der Zerstörung durch Versandung bedroht ist, kann nur eine geordnete staatliche Verwaltung die Erhaltung der Lebensgrundlagen des stets von der Versteppung bedrohten Landes gewährleisten. Deswegen kam es hier wie auch in anderen Flußtallandschaften viel früher zu dauerhaften Staatenbildungen als in den umliegenden Gebieten. Das Vorhandensein eines starken Staates war außerdem deshalb notwendig, weil die große Fruchtbarkeit und der Reichtum, dessen sich das Land bei zentral geordneter Wasserwirtschaft erfreute, immer wieder die Bewohner der wenig fruchtbaren oder ganz unfruchtbaren benachbarten Wüsten-, Steppen- und Hochgebirgslandschaften zu Raubzügen und Einfällen mit dem Ziel der Landnahme verlocken mußte. Da solche Einfälle in Zeiten der Schwäche oft genug erfolgreich waren, bemühten sich starke Herrscher, Sicherheitszonen rings um das Fruchtland anzulegen, und kamen so zu einer Eroberungspolitik, die schon im 3. vorchristlichen Jahrtausend zur Gründung des ersten uns geschichtlich bekannten Großreichs führte. Da Babylonien selbst als Alluvialland keine Bodenschätze, aber auch keine Wälder besaß, ging es den Eroberern auch um die Beherrschung von Waldgebieten mit wertvollem Bauholz und die Ausbeutung der in Kleinasien und Iran reichlich vorhandenen Bodenschätze, die sonst im Austausch gegen Korn und Erzeugnisse des Kunsthandwerks erworben werden mußten. Lange Friedenszeiten waren Babylonien bei dem Gegensatz zwischen dem Fruchtland und der Steppe im Westen bzw. dem Gebirge im Osten nur selten beschert.

Assyrien ist das Gebiet zu beiden Seiten des Tigris etwa zwischen dessen Austritt aus dem südarmenischen Gebirgsland und seinem Durchbruch durch das Hamrîn-Gebirge. Sein Klima ist etwas rauher und nicht so regenarm wie das Babyloniens; daher spielt die künstliche Bewässerung dort nicht die gleiche Rolle, und es scheint auch nach den für das 3. Jahrtausend allerdings sehr dürftigen Quellen nicht so früh zur Staatsbildung gekommen zu sein, obwohl der Gegensatz zu den umliegenden Gebirgsländern und zur Steppe Mesopotamiens auch hier immer wieder zu Auseinandersetzungen führte. Daß dann im 2. vorchristlichen Jahrtausend Assyrien den in Babylonien ausgebildeten Weltreichsgedanken übernahm und im 1. Jahrtausend

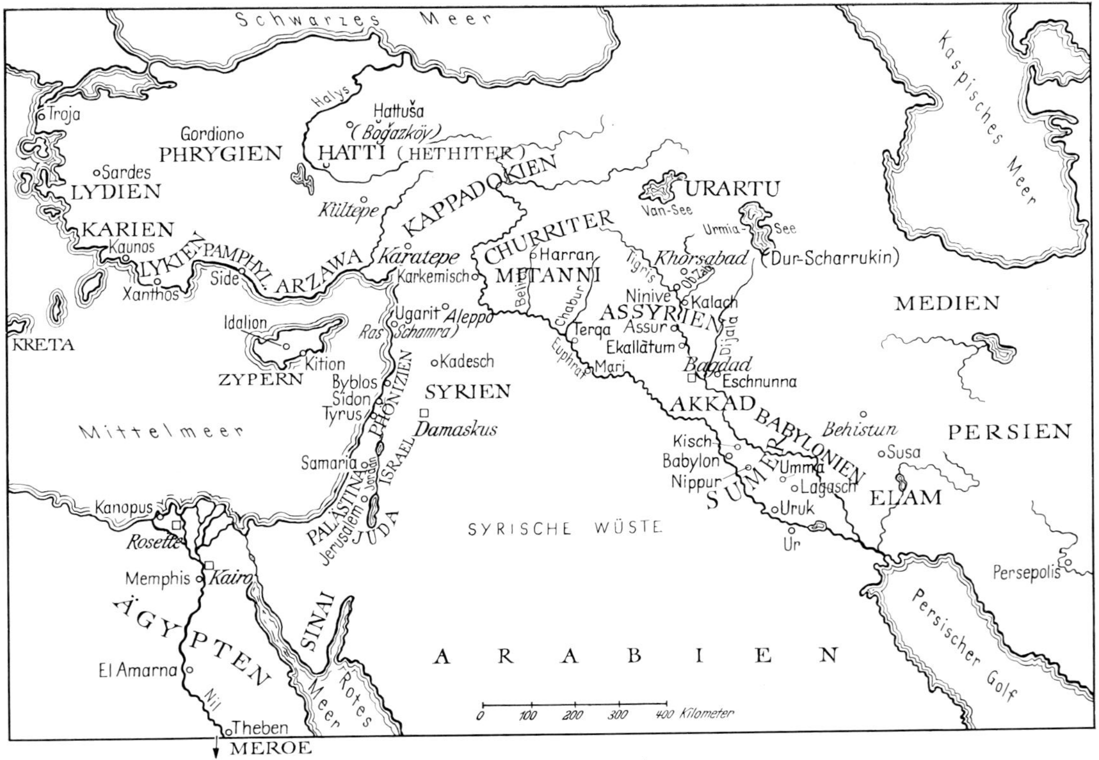

Abb. 1. Vorderasien im Altertum.

für längere Zeit zur größten Militärmacht Vorderasiens wurde, läßt sich aus den geographischen Gegebenheiten allein nicht mehr erklären, sondern ist das Ergebnis jahrhundertelanger Erziehung eines an sich schon kampffreudigen Volkes durch seine Könige. Wir werden davon noch zu sprechen haben. Von Bedeutung war endlich auch, daß in Assyrien wie in Babylonien Hochgebirgsketten und breite, das Fruchtland unterbrechende Wüstenstreifen fehlen, die sonst so oft ein Hindernis für straffe staatliche Ordnung darstellen.

Zum Schluß noch ein Wort über die Chronologie, da aufmerksame Leser öfter Widersprüche zwischen den Zahlenangaben dieses Buches und denen älterer Werke feststellen werden. Die früher gegebenen höheren Zahlen sind vor allem dadurch verursacht, daß die alten Königslisten die gleichzeitig in verschiedenen Landesteilen regierenden Dynastien hintereinander aufführen. Das Ausmaß der Überschneidung der Dynastien wurde deswegen erst nach und nach deutlich. Zur Ergänzung der Königslisten, deren Zahlen bisweilen auch untereinander abweichen, müssen astronomische Daten, vor allem Angaben über Sonnen- und Mondfinsternisse, herangezogen werden; da Finsternisse sich in bestimmten Abständen wiederholen, sind die überlieferten Berichte über sie aber für den nachrechnenden Astronomen auch nicht immer eindeutig. Daher gibt es auch heute noch mancherlei Meinungsverschiedenheiten bezüglich der älteren Chronologie (vor etwa 1500 v. Chr.); Zahlen vor etwa 2350 können vorläufig überhaupt nur geschätzt werden. Die hier gegebenen Zahlen finden sich mit geringen Abweichungen in mehreren neuen Geschichtswerken.

1. Urukagina von Lagasch, der erste soziale Reformator

Ein höhere Kultur mit Tempelbau und feiner bemalter Töpferware können wir in Babylonien und Assyrien zuerst im 4. vorchristlichen Jahrtausend feststellen, wissen aber noch nicht, welche Völker sie geschaffen haben. Wohl gegen Ende des 4. Jahrtausends wanderten in Babylonien vermutlich von Osten die *Sumerer* ein, die, auf der im Lande vorgefundenen Kultur aufbauend, erstmalig um 3000 eine monumentale Bau- und Bildkunst schufen (ein Beispiel Abb. 2). Die Herkunft dieses Volkes, dessen Angehörige klein und dunkelhaarig waren, ist noch nicht geklärt, jedoch scheinen sprachliche Beziehungen zu den Dravida-Völkern Südindiens zu bestehen. Sehr eigenartig war das Bodenrecht der Sumerer sowie der sich daraus ergebende Aufbau von Staat und Wirtschaft. Die schon S. 6 erwähnte Notwendigkeit, die Flüsse zur Erhaltung der Fruchtbarkeit des Bodens einzudämmen und ein Kanal-

Abb. 2. Bruchstück einer Siegesstele des sumerischen Königs Eannatum von Lagasch (um 2440 v. Chr.). Der König ist an der Spitze seiner Truppen oben zu Fuß und unten auf dem Wagen abgebildet.

netz zu schaffen, das steter Pflege auf Grund sorgfältiger, zentral gelenkter Planung bedurfte, hatte dazu geführt, den gesamten Boden, vielleicht mit Ausnahme städtischer Hausgrundstücke, den Tempeln und damit dem diese zusammenfassenden Staat zu übereignen. Die Interessen privater Bodenbesitzer konnten auf diese Weise auf die Wasserwirtschaft keinen Einfluß gewinnen. Bewirtschaftet wurde der Boden nur zum Teil von der Tempelverwaltung unmittelbar; ein anderer Teil wurde in Lose aufgeteilt und den vielen Tempelangestellten und den Soldaten gegen entsprechende Abgaben zum Anbau übergeben, wieder andere Teile wurden privat verpachtet. Aus dieser Ordnung erwuchs den großen Tempeln eine so große Verwaltungsarbeit, daß sie ohne Aufzeichnungen auf die Dauer nicht zu bewältigen war. So wurde aus den Bedürfnissen der Tempelwirtschaft heraus um 3000 die sumerische Bildzeichenschrift als die älteste aller uns bekannten Schriften erfunden; durch Vereinfachung und Geometrisierung der Zeichen, deren mit Griffeln in Ton eingedrückte Striche im Laufe der Zeit immer keilförmiger wurden, entwickelte sich aus dieser Schrift die Silben- und Wortzeichen verwendende *Keilschrift*, deren Gebrauch bis etwa 50 n. Chr. nachweisbar ist.

Babylonien zerfiel unter den Sumerern im 3. Jahrtausend in eine ganze Anzahl von *Stadtstaaten* um die Tempelstädte herum, die jeweils ein Stadtfürst (sumerisch *Ensi*) regierte, der zugleich der oberste Verwalter des Haupttempels der Stadt war. Die Leitung des Tempels der Gemahlin des Stadtgottes lag jedenfalls manchmal in den Händen der Frau des Stadtfürsten, die eine sehr selbständige Stellung hatte. Die in ihrer Verwaltung autonomen Stadtstaaten Babyloniens waren in normalen Zeiten unter einem der Stadtfürsten als König zusammengefaßt, wobei die Hauptstadt je nach den Machtverhältnissen wechselte. Dem König oblag neben der Kriegführung gegen auswärtige Feinde auch die zentrale Leitung der Wasserwirtschaft für das ganze Land; denn die einzelnen Stadtfürsten neigten dazu, einander das Wasser abzugraben, und das konnte neben den nicht seltenen natürlichen Veränderungen der Flußläufe zur zeitweiligen Verödung ganzer Stadtstaaten führen. Da der König seine Macht oft im Interesse seiner eigenen Stadt gebrauchte und mißbrauchte, ist es verständlich, daß nicht selten in einem Teil des Landes Gegenkönige auftraten und mit oder ohne Erfolg die Herrschaft an sich zu bringen suchten. Da wir die älteste Schrift nur mangelhaft lesen können und Königsinschriften zunächst wohl noch nicht geschrieben wurden, wissen wir über diese Kämpfe in der Zeit vor 2500 so gut wie nichts. Wir wissen vor allem auch nicht sicher, wann in den Norden Babyloniens die semitischen *Akkader* eindrangen und dort in Auseinandersetzung mit den Sumerern im Süden des Landes, von deren Kultur sie sich sehr viel, darunter auch die Schrift, aneigneten, die Herrschaft an sich rissen. Um 2500 war anscheinend die nordbabylonische Stadt Kisch das wichtigste akkadische Machtzentrum. Sie hatte zeitweilig auch im sumerischen Mittelbabylonien die Oberherrschaft inne. Infolge sehr erfolgreicher französischer Ausgrabungen seit 1877 wissen wir für die Zeit nach 2500 am besten über die Verhältnisse in der Stadt Lagasch Bescheid. Auch Lagasch unterstand damals mindestens nominell den Königen von Kisch, war aber unter der Dynastie des Urnansche (um 2480 bis 2370) in Wirklichkeit so selbständig, daß Eannatum (Abb. 2) um 2440 sogar außerhalb Babyloniens Krieg führen konnte. Neben Königsinschriften kennen wir, besonders aus der Zeit der letzten Herrscher der Dynastie, viele hundert Verwaltungsurkunden, die unsere wichtigste Quelle für die sumerische Tempelwirtschaft jener Zeit sind. Ihnen verdanken wir es auch, daß wir die vielleicht bedeutsamsten Texte unter den Königsinschriften jener Zeit, die Inschriften des *Urukagina*, wenigstens in der Hauptsache richtig verstehen können.

Urukagina war offenbar nicht der rechtmäßige Nachfolger seines Vorgängers Lugalanda, dessen Kinder aus den Urkunden bekannt sind, sondern muß diesen in dessen 7. Regierungsjahr abgesetzt haben (etwa 2370). Im Gegensatz zu ihm begnügte er sich nicht mit dem Titel Stadtfürst (*Ensi*), sondern nannte sich König, hat also die Oberherrschaft des damals sicher nur schwachen Königs in Kisch nicht anerkannt und wahrscheinlich das Ziel gehabt, auch diesen zu beseitigen; denn er versichert uns, daß sein Stadtgott Ningirsu ein „Herrscher" auch in der Stadt Nippur sei, also in der Stadt, deren Gott Ellil das alleinige Recht hatte, den König des ganzen Landes zu bestimmen. Ein solches Ziel konnte er aber nur dann ernstlich ins Auge fassen, wenn er der Gefolgschaft seiner Stadt Lagasch trotz der Verstimmung der bisher führenden Familien über seinen Staatsstreich sicher war. Er ging nun nicht den oft eingeschlagenen Weg, diese führenden Familien durch Gewährung neuer Vorrechte mit sich auszusöhnen, sondern stieß diese im Gegenteil dadurch erst recht vor den Kopf, daß er ihnen durch Reformedikte einen beträchtlichen Teil der früheren Vorrechte nahm und statt ihrer das einfache Volk zu gewinnen suchte. Wir wissen nicht, ob der Plan zu den sozialen Reformen, denn um solche handelt es sich, bei ihm erst nach seinem Regierungsantritt bestimmte Formen annahm, oder ob er ihn den mit den bisherigen Verhältnissen unzufriedenen Gruppen schon vorher bekannt gemacht hatte. Im letzten Fall hätte er seine Herrschaft überhaupt erst der Zusage, Reformen durchzuführen, verdankt. Unsere einzige Quelle dafür sind nämlich Bauinschriften des Königs selbst auf drei Tonkegeln und einer Steinplatte, die im Anschluß an eine Aufzählung der neu errichteten oder ausgebesserten Bauwerke und seiner Kanalbauten von den Reformen berichten. Zwei von diesen stammen wohl bereits aus seinem ersten Regierungsjahr und begründen die Reformen mit einem ausdrücklichen Befehl des Stadtgottes Ningirsu: „Als Ningirsu, der Krieger des Gottes Ellil, dem Urukagina das Königtum von Lagasch verliehen und unter den 36 000 Menschen (dieser Stadt) gerade seine Hand ergriffen hatte, damals stellte er (d. h. der König) die Bestimmungen von früher wieder her und nahm den Befehl, den ihm sein König Ningirsu gesagt hatte, (zur Durchführung) an." Ohne auch nur ein Wort über die Art, wie er zur Herrschaft gekommen war, zu sagen, erklärt Urukagina also die Reformen für den Grund, der Ningirsu veranlaßt hat, ihm die Herrschaft zu übertragen. Es ist daher zu vermuten, daß der Wunsch, offenbare soziale Mißstände zu beseitigen, in ihm schon lebendig war, als er sich gegen seinen Vorgänger erhob. Er bezeichnet die Reformen als die Wiederherstellung eines früheren gottgewollten Zustandes und nicht als ganz neue Ordnung; das bedeutet, daß er seinen Vorgängern vorwirft, sie hätten alte Rechtsordnungen schuldhaft nicht eingehalten, und zeigt weiter, daß auch damals schon Reformer gern behaupteten, daß sie nur alte Ordnungen wieder in Kraft setzen wollten. Aus Mangel an Quellen können wir bei Urukagina nicht beurteilen, mit wie viel Recht er sich auf die früheren Ordnungen beruft.

Worauf erstrecken sich nun diese Reformen? Sie fingen beim eigenen Haus des Stadtfürsten (Ensi) an. Denn bisher „pflügten die Rinder der Götter das Zwiebelland des Ensi, war das beste Land der Götter Zwiebel- und Gurkenland des Ensi", d. h. die Fürsten gebrauchten Eigentum der Götter für ihre persönlichen Zwecke. Der König gab alles zurück: „Das Haus des Ensi in der Feldflur des Ensi überstellte er dessen König Ningirsu, das Frauenhaus in der Feldflur der Frau (des Ensi) überstellte er dessen Herrin (der Göttin) Baba, das Prinzenhaus in der Feldflur des Sohnes (des

Ningirsu) überstellte er dessen König, dem (Gott) Schulschagana". Wie der Ensi hatten sich auch Untertanen am Tempeleigentum für persönliche Zwecke vergriffen; auch das wurde abgestellt. Der Ensi und sein Minister hatten ferner bei den verschiedenen Gelegenheiten hohe Gebühren von den Bürgern erhoben. Das führte unter anderem zu dem ungesunden Zustand, daß eine Ehescheidung dann, wenn die Frau zu einem anderen weggelaufen war, unterblieb und die Frau nunmehr zwei Männer, den früheren und den neuen, hatte. Die Gebühren wurden jetzt herabgesetzt oder abgeschafft und die unmoralischen Frauen bestraft.

Um die verschiedenen, offenbar nur teilweise rechtmäßigen Abgaben einzutreiben, hatten die Stadtfürsten überall Aufseher und Kontrolleure eingesetzt, die die Leute schikanierten und auch ihrerseits weiter aussogen. Urukagina entfernte die vielen unnötigen Aufseher, um die Abgabepflichtigen, die ja zum größten Teil in irgendeiner Form Tempelangestellte waren, zu entlasten; diese Einschränkung der Bürokratie kam Priestern wie Hirten und Fischern zugute. Aber auch die Priester hatten sich unangemessen bereichert. Sie zogen vor allem für ihre Mitwirkung bei der Erdbestattung und einer anderen Art der Beisetzung „im Rohr (Dickicht) des (Wassergottes) Enki" gewaltig hohe Gebührensätze ein. Der König beließ ihnen statt 420 (kleinen) Broten und 120 Liter Korn „nur" 80 Brote und statt 7 Krügen Bier noch drei, womit ihre Bemühungen sicher immer noch reichlich abgegolten waren. Eine weitere Unsitte war die, daß Höhergestellte kleine Leute zwangen, ihnen ihren Besitz wie etwa ein gutes Eselsfüllen oder gar ein Häuschen gegen geringes Entgelt abzulassen. Urukagina verlangte, daß nunmehr auch den Armen der angemessene Preis gezahlt würde, wenn diese den Verkauf nicht ganz ablehnen wollten. Und so wurden noch mancherlei weitere Anordnungen zum Schutze der kleinen Leute getroffen, wie etwa das Verbot brutaler Zwangsvollstreckungsmaßnahmen und die Verschärfung der Strafen bei bestimmten Verbrechen. Die Aufzählung aller dieser Reformen faßt der König am Schluß einer Inschrift in dem Satz zusammen: „Daß der Waise und der Witwe der Mächtige nichts antue, hat mit Ningirsu Urukagina einen entsprechenden Vertrag geschlossen." Wir werden sehen, daß auch noch für spätere Könige der Schutz von Waisen und Witwen als Inbegriff ihrer sozialen Bemühungen galt.

Man hat darauf hingewiesen, daß die Maßnahmen Urukaginas vor allem den Bevölkerungskreisen zugute kamen, aus denen sich im Kriegsfall das Heer rekrutierte, daß diese also, modern gesprochen, in erster Linie der Stärkung des Kriegspotentials dienten. Sicher haben solche Gesichtspunkte für den König eine Rolle gespielt, aber sie reichen doch für die Erklärung aller sozialen Maßnahmen nicht aus. Da der König ja auch vor seinen eigenen Einkünften nicht Halt gemacht hat, dürfen wir vielmehr annehmen, daß er sich auch von einem echten sozialen Empfinden leiten ließ und der Überzeugung war, damit den auf Erhaltung der Schöpfungsordnung gerichteten Willen seines Gottes zu erfüllen. Da uns kein anderer sumerischer König des 3. Jahrtausends in ähnlich ausführlicher Weise von sozialen Reformen erzählt, müssen wir aus seinen Inschriften schon schließen, daß er unter den Fürsten jener Zeit eine Persönlichkeit von besonderem Rang gewesen ist.

Nach außen hin hat Urukagina freilich keinen Erfolg gehabt. Schon die Stadtfürsten vor ihm hatten sich oft mit der Nachbarstadt Umma wegen bestimmter Grenzfluren herumschlagen müssen. Auch er mußte das tun und konnte Umma einmal empfindlich schlagen. Aber diese Niederlage Ummas führte dort zum Thronwechsel, durch den Lugalzaggesi Stadtfürst wurde. Dieser hielt sich anscheinend nicht mit sozialen Reformen auf, sondern schuf sich so schnell wie möglich eine schlagkräftige Truppe und zog mit dieser gegen Urukagina, schlug dessen Truppen völlig und zerstörte Lagasch mit seinen Tempeln, um die früheren Niederlagen zu rächen. Urukagina fand dabei nach etwa 10—12jähriger Regierung wohl den Tod. Lugalzaggesi eroberte anschließend Südbabylonien und drang in den Jahren danach, soweit wir wissen, als erster sumerischer König bis zum Mittelmeer vor. Er rühmt sich auch, durch Anlage von Kanälen die Wohlfahrt der Städte Babyloniens — nicht aber des zerstörten Lagasch! — gefördert zu haben. Über die Zerstörung von Lagasch haben wir von ihm selbst keinen Bericht. Wir kennen nur die Klage eines ungenannten Priesters aus Lagasch, der in eintöniger Litanei 37 Greueltaten des „Mannes von Umma" wie Gemetzel, Raub, Tempel- und Statuenzerstörung aufzählt, um dann zu schließen: „Der Mann von Umma hat, indem er Lagasch zerstörte, eine Sünde gegen den Gott Ningirsu begangen, hat gegen ihn die Hand erhoben. Er wird in Stücke gerissen werden! Eine Sünde des Urukagina,

Königs von Girsu (= Lagasch), besteht nicht, aber des Lugalzaggesi, Ensi von Umma, Göttin Nidaba trage diese Sünde auf ihrem Nacken!" Das hier für Sünde gebrauchte Wort bedeutet wohl eigentlich „Eingriff (in die Weltordnung)". Es ist für die sumerische Religiosität aufschlußreich, daß hier nicht nur dem feindlichen König ein sündhafter ‚Eingriff' vorgeworfen wird, sondern fast noch stärker seiner Göttin, weil sie die Grenzen des ihr zugewiesenen Gebietes auf Kosten des Gottes Ningirsu überschritten hat. Es ist eigenartig, daß die sumerische Religion die Götter nur selten Folgerungen für das Schicksal der Menschen aus der menschlichen Sünde ziehen läßt, daß sie aber von Sünden der Götter gegen die geheiligte Weltordnung auch in ihren Mythen allerlei zu berichten weiß. Den semitischen Babyloniern erschien dies später so anstößig, daß sie diese Mythen unterdrückten. Die Götter der Sumerer hatten im Dienst der Weltordnung so viele Funktionen zu erfüllen, daß man glaubte, mit (rund) 3600 von ihnen rechnen zu müssen. Sittlich vorbildliche Gestalten sah man in ihnen nicht!

Der Fluch des Priesters gegen Lugalzaggesi erwies sich als wirksam. Nach einer Regierung von 25 Jahren wurde dieser Großkönig das Opfer eines Stärkeren: der semitische Kleinfürst Sargon von Akkade beseitigte erst den letzten König von Kisch und dann Lugazaggesi und errichtete in 56jähriger Regierung (2350 bis 2294) ein Großreich, das von Westiran bis Kleinasien reichte.

2. Der „gute Hirte" Gudea von Lagasch dient seinem Gott

Etwa 300 Jahre sind seit Urukagina vergangen. In der Zwischenzeit war das Weltreich Sargons I. von Akkade, auf das wir hinwiesen, entstanden und von seinem Enkel Naram-Sin (2270 bis 2233) noch einmal zu neuer Blüte emporgeführt worden. Von den Eroberungen dieser Könige ist uns in Wort und Bild (Abb. 3 und 7) mancherlei berichtet, und wir wissen von den Sagenkränzen, die spätere Generationen bewundernd um sie geflochten haben. Über die Persönlichkeiten dieser zweifellos hochbedeutenden Herrscher, die sich selbst zu Göttern erhoben haben, können wir auf Grund ihrer Inschriften fast nichts aussagen, und die späteren Sagen können wir da natürlich nicht ohne weiteres verwerten. Daher haben wir hier nicht weiter von ihnen zu handeln. Das Reich von Akkade brach wohl schon unter Naram-Sins Sohn mit dem hochtönenden Namen Schar-kali-scharri „König aller Könige“ (2233 bis 2208) zusammen, und es folgten jedenfalls im Norden Babyloniens über 100 Jahre Fremdherrschaft der barbarischen Gutäer aus den westiranischen Gebirgen. Während dieser Zeit muß sich in Mittel- und Südbabylonien das Sumerertum von den schweren Schlägen, die ihm das semitische Reich von Akkade zugefügt hatte, erholt haben, und es kam zu einer kulturellen Renaissance des Sumerertums, der nach der Vertreibung der Gutäer durch den Sumerer Utuchengal von Uruk um 2076 vorübergehend auch ein politischer Wiederaufstieg folgte (unter der 3. Dynastie von Ur, 2064 bis 1955). Die überaus zahlreichen Inschriften dieser fünf Könige, deren bedeutendster wohl Schulgi (2046 bis 1998) war, sind aber kurz und so inhaltsarm, daß ihre Persönlichkeit für uns in keiner Weise lebendig wird. Selbst über die äußeren Ereignisse wissen wir nur recht wenig aus den Jahresdatenformeln, die Ereignisse des jeweils vergangenen Jahres, seltener des gleichen Jahres, ganz knapp berichten (Beispiel: „Schaschru wurde zerstört“).

Inzwischen hatte sich auch Lagasch wieder von der Katastrophe am Ende von Urukaginas Regierung erholt, und wir begegnen nun hier abermals einer in der Geschichte Babyloniens in mancherlei Hinsicht einmaligen Gestalt, dem Fürsten *Gudea*. Über seine äußere Stellung lassen uns seine zahlreichen und mehrfach sehr langen Inschriften auffällig im Unklaren. Er muß ziemlich lange, mindestens wohl 30 Jahre, regiert haben. Der spätere Teil seiner Regierung fällt vermutlich in die Zeit des Ur-Nammu von Ur (2064 bis 2046), und er starb wohl zu Anfang der Regierung des schon genannten Schulgi. Gudea nennt sich nirgends König, sondern immer nur Stadtfürst, erwähnt aber anders als andere Stadtfürsten dieser Zeit nirgends einen Oberherrn, weder Utuchengal von Uruk noch Ur-Nammu noch Schulgi, obwohl schon Ur-Nammu sich König von Sumer und Akkad, also von ganz Babylonien nennt und Schulgi weit über die Grenzen Babyloniens hinaus geboten haben muß. War er wirklich von diesen ganz unabhängig? Wir erfahren auch nicht, über welche Städte außer Lagasch er herrschte; nur einmal erwähnt er einen Feldzug nach dem im Osttigrisland gelegenen Anschan, einer Stadt in einer Grenzprovinz des Reiches von Elam, das

Abb. 3. Siegesstele des Königs Naram-Sin von Akkade (2270 bis 2233 v. Chr.). Der König erstürmt mit seinen Soldaten einen hohen Berg. Die Hörnerkrone der Götter trägt er als „Gott der Stadt“.

ostwärts Mittel- und Südbabyloniens um die Hauptstadt Susa Teile des Tieflandes und der östlichen Randgebirge beherrschte. Gudea hat die Beute aus Anschan für seine Bauten benutzt. Daß er nur über das vielleicht etwas vergrößerte Gebiet von Lagasch herrschte, ist ausgeschlossen, weil der Umfang und die reiche Ausstattung der Bauten, von denen er erzählt — beträchtliche Reste von ihnen wurden jetzt ausgegraben — einen Reichtum bezeugen, den er nur im Gebiet seiner Vaterstadt nicht erworben haben kann; er spricht ja auch von rund 216000 Untertanen (Urukagina hatte 36000). Gudea holte die wertvollen Bauhölzer von Tilmun (heute Bahrein) im Persischen Golf und aus dem Amanus, Bausteine und den kostbaren Diorit für seine Statuen aus Syrien und Arabien und Gold aus einem noch nicht zu lokalisierenden fernen Gebirge. Womit hat er alle diese Importe und den teuren Transport bezahlt? Er sagt darüber nichts, und es ist noch nicht gelungen festzustellen, was er den Herkunftsländern von Hölzern, Steinen und Metallen als Gegenwert geliefert haben kann und wie er seine Transporte sichern konnte.

Abb. 4. Sitzbild Gudeas von Lagasch (um 2060 v. Chr.) als Beter.

Aber das, was uns Gudea eigentlich interessant macht, sind nicht seine ungeklärte politische Stellung und wirtschaftliche Leistung, auch nicht seine gewaltigen Bauten als solche; andere Könige haben gleich prächtige und noch größere Tempel errichtet. Bedeutsam für uns ist vor allem die Art, wie er von seinen Bauarbeiten spricht, wie er die ungeheure Beanspruchung seiner Untertanen durch sie rechtfertigt und wie er sich selbst in seinen (sprachlich sehr schwierigen) Inschriften und in seinen Bildwerken darstellt. Denn anders als Urukagina kennen wir Gudea nicht nur aus dem Wort, sondern auch aus dem Bild.

Gudea hat im Laufe der Jahre zahlreiche Statuen und Statuetten von sich in $^{2}/_{5}$ bis voller Lebensgröße aus verschiedenen Steinarten, mit besonderer Vorliebe schwarzem Diorit, meißeln lassen und hat sie zumeist auch mit einer längeren oder kürzeren Inschrift versehen (Abb. 4 und 5). Sie waren wohl alle zur Aufstellung in Tempeln bestimmt und zeigen ihn stehend oder sitzend, mit oder ohne Herrschermütze, in betender Haltung vor der Gottheit. Die Behandlung des offenbar gedrungenen Körpers und des immer die rechte Schulter freilassenden Gewandrockes ist trotz aller peinlichen Sorgfalt in den Einzelheiten sehr schematisch; in dem leider selten ganz tadellos erhaltenen Gesicht hingegen haben sich die Künstler bemüht, den Ausdruck innerer Sammlung beim Gebet in möglichster Vollkommenheit wiederzugeben. Ob auch Porträtähnlichkeit erstrebt war, ist fraglich, da es dem alten Orient meistens mehr um die Darstellung eines Idealbildes als um die eines Individuums ging; man glaubt jedoch, Gudea auf den Bildern in verschiedenen Altersstufen dargestellt zu finden. Wichtig ist aber, daß anders als bei vielen assyrischen Bildern nirgends der Eindruck einer herrischen Pose, sondern überall der einer bei aller Festigkeit demütigen Haltung entsteht. Auf den Reliefs Gudeas, von denen allerdings nicht viel erhalten ist, fehlt das auf älteren Bildwerken nicht selten dargestellte Thema Krieg ganz. Dargestellt sind entweder religiöse Feste oder die in der Kunst dieser Jahrhunderte besonders beliebte

Abb. 5. Standbild Gudeas von Lagasch als Beter.

sog. Einführungsszene (Abb. 6), die den Fürsten zeigt, wie er in betender Haltung von seinem persönlichen Schutzgott Ningizzida vor den (auf diesem Bild nicht erhaltenen) Stadtgott Ningirsu geführt wird. Sichtbar ist noch etwas von den Wasserströmen, die als Symbol für lebenschaffende Kraft von dem Gott ausgehen. Die Hörnerkrone, ein altes Stiersymbol, trägt wie alle Götter auch der Schutzgott. Der Sinn der Einführungsszene ist der, daß sich nach sumerischer Auffassung der Mensch unmittelbar zunächst nur an seinen Familienschutzgott wenden soll. Kann dieser den Wunsch nicht erfüllen, so führt er ihn vor den höheren Gott, um dem den Wunsch des Beters vorzutragen. Mit den kleinen Alltagswünschen der Menschen sollen die großen Götter nicht behelligt werden. — Von den Tempeln Gudeas, in denen alle diese Bilder aufgestellt waren, haben die Ausgrabungen in Lagasch leider keinen zureichenden Eindruck vermitteln können.

Schon aus den Bildwerken ergibt sich, daß Gudea noch mehr als andere Könige den Dienst an den Göttern in den Mittelpunkt stellte. Seine Inschriften auf den Statuen und vor allem eine auf zwei großen Tonzylindern erhaltene Tempelbau-Hymne, die in ihrer Art einzig dasteht (neue Übersetzung von A. Falkenstein, Sumerische und akkadische Hymnen und Gebete, Zürich/Stuttgart 1953, S. 137 bis 182), verstärken diesen Eindruck. Die Hymne berichtet über den Neubau des Tempels des Stadtgottes Ningirsu „Haus der Fünfzig", die ihm vorausgegangenen Überlegungen und den Sinn aller Arbeiten in einer sonst nicht bekannten Ausführlichkeit. In mehreren Träumen, die allerdings teilweise erst der Deutung durch die Göttin Nansche bedürfen, gibt Ningirsu den Befehl zum Neubau und Verheißungen für das Gelingen des Werkes. Sich selbst sieht Gudea in einem dieser Träume als Eselhengst, der voller Ungeduld, die Arbeit zu beginnen, den Boden scharrt. Der Befehl des Gottes läßt ihm keine Ruhe. Ohne sich wie in der gleichen Zeit die Könige von Ur Gott zu nennen, sagt er zur Göttin Gatumdu: „Ich habe keine Mutter — meine Mutter bist du; ich habe keinen Vater — mein Vater bist du", d. h. wohl, daß er sich ohne Rücksicht auf Familienbindungen ganz in den Schutz der Götter stellt. Er kann aber an die große Arbeit nur gehen, wenn im Augenblick ihres Beginns alles Störende ausgeschaltet ist, bei ihm und seinen Untertanen. Daher geschieht in den Tagen des Festes der Grundsteinlegung, bei der er die wesentlichsten Arbeiten selbst ausführt, das normalerweise Unglaubliche: „Niemand wurde mit der Peitsche geschlagen ... Die Mutter züchtigte nicht ihr Kind, das Kind sagte der Mutter keine Widerworte. Dem Sklaven, der sich verfehlt hatte, schlug sein Herr deshalb nicht auf den Kopf, der Sklavin, die ..., schlug ihre Herrin nicht ins Gesicht. An einem Grab in der Stadt wurde nicht gegraben, kein Toter beigesetzt. Der Klagepriester

Abb. 6. Gudea von Lagasch wird durch seinen Schutzgott Ningizzida vor den auf einem Sessel mit Löwenkopf sitzenden Gott Ningirsu geführt.

spielte die Leier nicht, ließ keine Klage hören ... Im Gebiet von Lagasch ging niemand, der einen Rechtstreit hatte, zur Stätte des Eides, ein Gläubiger trat niemandem ins Haus". Es war daher auch nicht erstaunlich, daß das Volk, das so die Feier zu seiner eigenen machte, dem Arbeitsaufgebot „einmütig wie die Kinder einer Mutter folgte", ja Gudea versichert uns, daß auch die Menschen ferner Länder, die zum Bau Holz und Steine zu liefern hatten, in der gleichen Weise ihre Arbeit getan hätten. Der Gott selbst bahnte allen Transporten den Weg, und der Erzberg in Kimasch bot von sich aus sein Erz an. Als dann nach langer Arbeit, bei der sich Gudea selbst nachts keine Ruhe gönnte, der Bau vollendet war und der Einzug des Gottes in den neuen Tempel gefeiert wurde, verwandelte die Freude darüber wieder die Menschen: „Sieben Tage lang wurde kein Korn gemahlen, stellte sich die Sklavin der Herrin gleich, ging der Sklave neben seinem Herrn, schliefen in meiner Stadt Hoch und Niedrig Seite an Seite". Denn die Segnungen, die von der Vollendung des Baus erwartet werden, kommen ja nicht nur dem Stadtfürsten zugute, sondern dem ganzen Volk, das sich bei den mannigfachen Bauarbeiten weit über das Normale hinaus hatte einsetzen müssen. Fruchtbarkeit des Landes und des Viehs sowie Gedeihen von Handel und Wandel wurden als Dank des Gottes ebenso erwartet wie langes Leben und Dauer der Herrschaft für den Fürsten selbst.

Es ist klar, daß die Schilderung Gudeas, von der wir hier nur wenige Proben geben konnten, nicht in allem der Wirklichkeit entsprochen haben wird. Manches dürfte Wunschbild geblieben sein. Aber es ist doch nicht ohne Bedeutung, daß das Wunschbild hier nicht die Weltherrschaft und die Führung möglichst vieler siegreicher Kriege ist, sondern ein dem Gottesdienst geweihtes Leben als „guter Hirte" von Menschen, die für ihren Gott freudig arbeiten und die auch einmal ihren Zank vergessen können. Bis zu einem gewissen Grade ist damit das Idealbild des sumerischen Herrschers überhaupt gezeichnet. Kein anderer unter den uns bekannten Königen hat dieses Idealbild mit einem so mitreißenden Schwung gezeichnet und so bis in die Einzelheiten dichterisch ausgeführt. Wir werden kaum fehlgehen, wenn wir daraus schließen, daß die Verwirklichung dieses Herrscherideals Gudea viel mehr als den meisten anderen Stadtfürsten und Königen eine Herzenssache war. Vielleicht konnte er darum auch manches mit friedlichen Mitteln erreichen, wofür andere Könige Kriege führen mußten. So wie vieles an seinem Tun aus seinen an mythologischen Bildern überreichen Inschriften nicht recht deutlich wird, so bleibt auch das Bild seiner ungewöhnlichen Persönlichkeit für uns in wesentlichen Punkten noch rätselhaft und bedauerlich unbestimmt. Das was erkennbar ist, genügt aber, um die Beschäftigung mit diesem Manne immer wieder besonders reizvoll zu machen.

3. Schamschi-Adad I. von Assyrien, Soldat und Prinzenerzieher

Die 3. Dynastie von Ur hatte das Sumerertum noch ein letztes Mal politisch in die Führung gebracht; die Akkader Nordbabyloniens und Assyriens und die Semiten Mesopotamiens mußten ebenso wie andere Nachbargebiete diese Führung anerkennen. Von Assyrien aus konnten unter dem Schutz dieser Dynastie sogar im fernen Kappadokien in Kleinasien Handelskolonien angelegt werden, die den allgemeinen Wohlstand noch weiter steigern halfen. Der zunehmende Einfluß des Semitentums kam allerdings darin zum Ausdruck, daß die sumerische Sprache immer mehr akkadische Lehnwörter aufnahm und die letzten Herrscher dieser Dynastie schon akkadische Thronnamen trugen. Das Ende der Dynastie nach wenig mehr als hundertjähriger Herrschaft wurde aber von außen herbeigeführt. Arabien war nämlich erneut in Bewegung gekommen, gewiß wie früher aus Mangel an Nahrung für die wachsende Bevölkerung. Stämme und Stammesgruppen von semitischen Beduinen, die kanaanäische Dialekte sprachen, drangen in Syrien-Palästina und Mesopotamien gegen das Fruchtland an und suchten neue Weidegebiete oder auch Landstriche, die ihnen neben der Viehwirtschaft auch den Ackerbau ermöglichten. Unternehmungslustige Führer faßten die Jungmannschaft zusammen und griffen, wo immer möglich, auch die Städte an oder verdingten sich dem Meistbietenden als Soldaten. Wo sie sich in einer Stadt festsetzen konnten, gründeten sie lokale Dynastien, die sich kulturell ganz den Unterworfenen anpaßten, nicht selten auch in der Namengebung. Unter dem letzten König der 3. Dynastie von Ur Ibbi-Sin (1980 bis 1955) führten Angriffe des wiedererstarkenden östlichen Nachbarn Elam zu einer Schwächung Babyloniens, die kanaanäischen Gruppen die Festsetzung in babylonischen Städten ermöglichte. In den Kämpfen der verschiedenen Gruppen wurde das Reich von Ur zerrieben, ohne daß es einem der neuen Dynasten gelang, ganz Babylonien seiner Herrschaft zu unterwerfen. Das Land fällt daher nun für gut 250 Jahre in mehrere Herrschaften auseinander, die sich je nach Bedarf gegenseitig bekämpfen oder auch wieder zusammengehen. Über die Kämpfe und die Persönlichkeiten dieser Herrscher wissen wir infolge der inhaltlichen Dürftigkeit ihrer sumerischen Inschriften herzlich wenig. Trotz meist recht bescheidener Machtstellung ließen auch sie sich großenteils wie die Könige von Ur schon zu Lebzeiten zu Göttern erheben, nachdem sie als Voraussetzung dafür die lebenschaffende Hochzeit von Gott und Göttin mit einer Priesterin nachvollzogen hatten (sogenannte „heilige Hochzeit"). Den auf sie als Götter gedichteten sumerischen Hymnen, die oft im Ichstil gehalten sind, läßt sich an geschichtlichen Tatsachen ebenfalls nichts Wesentliches entnehmen, weil sie zu formelhaft sind. Wir erfahren aus ihnen nur, daß das Königsideal, das wir bei Gudea kennen lernten, sich nicht wesentlich geändert hat. Der an Zahl immer stärker werdende semitische Bevölkerungsteil war politisch bestimmend, kam aber kulturell zunächst nur im Norden des Landes nach und nach stärker zur Geltung.

In dieser Zeit gewinnt nun auch Assyrien, nach unserer Kenntnis erstmalig, eine größere geschichtliche Bedeutung. Im 4. Jahrtausend war es vermutlich von einer anderen Bevölkerung bewohnt als Babylonien und hatte später eine sumerische Einwanderung wahrscheinlich nicht erlebt, sondern erfuhr vom Süden her nur eine sehr starke kulturelle Beeinflussung. Vermutlich früh im 3. Jahrtausend drangen auch nach Assyrien semitische Akkader ein, deren Sprache sich dort etwas anders entwickelte als in Babylonien, und gewannen nach und nach die politische Führung. Die Großkönige von Akkade (s. S. 15f.) und die Könige der 3. Dynastie von Ur konnten Assyrien, das damals Subartum hieß, ihrem Reich einverleiben. Nach dem Zusammenbruch des Reiches von Ur übernahmen die Stadtfürsten von Assur (gut 100 km südlich von Mossul am Tigris gelegen) die Handelskolonien in Kappadokien (Zentrum Kanesch, heute Kültepe) und zogen aus dem einträglichen Stoff- und Metallhandel mit Kleinasien reichen Gewinn. Um 1830 konnte Iluschumma sogar vorübergehend Teile von Babylonien besetzen. Der Verlust der Handelskolonien um 1770 führte zur Verarmung und zu politischen Wirren, die Assur um 1760 zeitweilig in den Machtbereich der damals wohl auch kanaanäischen Fürsten von Eschnunna (30 km nordöstlich Baghdad) fallen ließen. 1750 kurze Zeit von einem Kinde „regiert", wurde es leichte Beute eines anderen kanaanäischen Kondottiere mit Namen Schamschi-Adad, der für 33 Jahre (etwa 1750 bis 1717) Assur zu seiner Königsstadt machte und der Geschichte eine neue Wendung gab. Wer war dieser Schamschi-Adad I., und woher kam er? Diese Frage lenkt unseren Blick weiter nach Westen an den Euphrat.

Etwa 20 km oberhalb der Stelle, an der heute die Grenze zwischen Syrien und Irak den Euphrat schneidet, lag damals am Westufer des Flusses die Stadt Mari, in deren Ruinen seit 1933 französische Ausgräber höchst bedeutsame Funde gemacht haben. Mari war schon im 3. Jahrtausend vorwiegend von Semiten bewohnt und wohl das wichtigste Kulturzentrum am mittleren Euphrat. Früher als in Babylonien, wohl um 2000, gewannen hier schon Kanaanäer die Herrschaft; sie übernahmen mit der babylonischen Kultur die Keilschrift und die akkadische Schriftsprache. Die einzelnen Herrschaftsgebiete der kanaanäischen Dynasten waren um 1800 meist sehr klein. Daher residierte schon etwa 50 km flußaufwärts in der kleinen Stadt Terqa, in der ein großer Tempel des Gottes Dagan lag, eine andere Dynastie, die mit der von Mari verfeindet war. Über die Geschichte beider Städte in der Zeit von etwa 1760 bis 1695 sind wir ungewöhnlich gut unterrichtet, weil im Palast von Mari die Reste des dortigen Tontafelarchivs mit etwa 20000 Tafelbruchstücken aufgefunden wurden; etwa 5000 sind Briefe überwiegend politischen Inhalts. Veröffentlicht ist vorläufig allerdings erst ein kleiner Teil. Nach einem dieser Briefe war Schamschi-Adad's Vater Ila-kabkabu etwa 1760 noch Fürst von Terqa, wurde dann aber von Jaggidlim von Mari oder dessen Sohn Jachdunlim mit seiner Familie vertrieben. Schamschi-Adad kam nach Babylonien und konnte von dort aus vermutlich an der Spitze eines Beduinenhaufens die Stadt Ekallate am Tigris (etwa 60 km unterhalb von Assur) besetzen. Von ihr aus bemächtigte er sich 1750 oder 1749, wie schon erwähnt, Assurs und ging alsbald daran, von dort aus ein Reich aufzubauen. Er brauchte dafür eine theologische Rechtfertigung. Er versicherte also, der Gott Ellil von Nippur, der, wie wir schon hörten (S. 11), den König über ganz Babylonien zu bestimmen hatte, habe ihn zum König gemacht. In dieser Behauptung lag der Anspruch, daß Assur nunmehr von Rechts wegen der Mittelpunkt des Reiches sei, das früher einmal von Babylonien aus beherrscht wurde. Der König dachte dabei sicher an das Großreich der Könige von Akkade (S. 15); es sollte jetzt von Assur aus erneuert werden. Zum Dank für seine Berufung errichtete er dem Gott Ellil in Assur an der Stätte eines kleineren, älteren Tempels einen großen Tempel mit dem Namen „Haus des Wildstiers aller Länder" und gab überdies einer Stadt in Nordostmesopotamien, in der er oft residierte, den programmatischen Namen Schubat-Ellil „Ellilhausen". Darin und in der gleichzeitigen Annahme des ebenfalls von den Königen von Akkade übernommenen Titels „König der Gesamtheit" lag ein politisches Programm. Aber die Zeit war seiner Verwirklichung nicht günstig, da auch in anderen Ländern energische Fürsten gleicher Herkunft regierten und Assyrien zu ihrer Ausschaltung damals weder genügend Menschen noch eine ausreichende wirtschaftliche Kraft besaß. Schamschi-Adad hatte soviel Wirklichkeitssinn, daß er diese Lage vermutlich bald überschaute und sich daher hütete, unerreichbaren Zielen nachzujagen.

Unser Wissen über Schamschi-Adad wäre recht bescheiden, wenn wir nur auf seine teilweise erhaltenen Bauinschriften angewiesen wären, die über die politischen Ziele und Erfolge recht wenig aussagen. Bei dem kleinen Bruchstück einer Siegesstele aus der Gegend von Kerkuk, deren Stil unverkennbar durch Kampfbilder auf den Siegesstelen der Könige von Akkade beeinflußt ist (vgl. Abb. 7 mit 8!), steht es nicht ganz fest, ob sie von ihm oder einem seiner Gegner in Eschnunna stammt; denn der Königsname auf der Inschrift ist weggebrochen. Glücklicherweise hat uns aber das schon erwähnte Tontafelarchiv von Mari einen Teil seiner politischen Korrespondenz erhalten, der in den letzten Jahren veröffentlicht worden ist. Und diese Briefe sind in der Tat eine einzigartige Quelle für all das, was die offiziellen Inschriften nicht sagen und nach ihrem Stil nicht sagen können; erst aus ihnen haben wir gelernt, daß Schamschi-Adad eine Persönlichkeit von besonderem Rang war, mit der sich zu beschäftigen nicht nur für Forscher vom Fach reizvoll ist. 129 Briefe und Briefbruchstücke des Königs selbst sind bisher bekannt, dazu etwa 100 seiner Söhne und eine große Zahl von Briefen seiner Beamten und von Nachbarfürsten (diese erst teilweise veröffentlicht). So kennen wir jetzt neben dem, was der König selbst sagte, in vielen Fällen auch das Echo, das seine Anordnungen, Maßnahmen und Erfolge bei seinen Söhnen, Beamten und Untertanen fanden, und manchmal auch die Reaktionen der Nachbarfürsten.

Schamschi-Adad konnte wie die meisten Könige nicht lesen und schreiben; bei mehreren Hundert oft mehrdeutiger Zeichen der Keilschrift erforderte die Erlernung dieser Kunst ja auch wesentlich

Abb. 7. Bruchstück einer Siegesstele eines Königs von Akkade (um 2300).

Abb. 8. Bruchstück einer Siegesstele wahrscheinlich des Schamschi-Adad I. (etwa 1750 bis 1717).

mehr als die Aneignung einer Buchstabenschrift. Er mußte seine Briefe also diktieren und die Antworten „hören", d. h. sich vorlesen lassen. Der sehr bestimmte und eigenwillige, sprachlich nicht immer geglättete Stil seiner Briefe zeigt aber, daß sie nicht nach Konzepten in der Kanzlei ausgearbeitet, sondern offenbar den Schreibern gleich „ins Reine" diktiert und dann sofort den bestellenden Boten übergeben wurden. Dringende Briefe erhielten, was damals normalerweise nicht geschah, ein Datum, damit Überbringer und Empfänger sich bei verzögerter Erledigung nicht herausreden konnten. Die uns erhaltenen Briefe sind alle an seinen Sohn Jasmach-Adad gerichtet. Schamschi-Adad hatte nämlich nach seiner Machtergreifung in Assyrien und der Konsolidierung seiner Herrschaft dort seine Blicke frühzeitig nach Mesopotamien gelenkt und da vor allem auf das Königreich Mari, den Erbfeind seiner Familie, dessen Umfang und Macht der schon genannte Jachdunlim erheblich vergrößert hatte. Einmal hatte sich Jachdunlim eines Sieges über ihn rühmen können. Jetzt gab Schamschi-Adad eine Palastrevolution in Mari, die — vermutlich nicht ganz ohne sein Zutun — zur Ermordung von Jachdunlim führte, eine Gelegenheit zum Eingreifen. Er nahm Mari und dessen ganzes Gebiet einschließlich seiner Vaterstadt Terqa in Besitz, ließ die Söhne des verhaßten Feindes bis auf den jungen Prinzen Zimrilim, der in Sicherheit gebracht wurde, töten — die Töchter wurden später als Palastmusikerinnen ausgebildet — und setzte bald darauf seinen jüngeren Sohn Jasmach-Adad als Statthalter und später als Vizekönig ein. Seinen älteren Sohn, den Kronprinzen Ischme-Dagan, machte er zum Statthalter in Ekallate und Teilen des Osttigrislandes. Diese Regelung gab den Anlaß zu einem umfangreichen Briefwechsel des Vaters mit den Söhnen und auch der Söhne untereinander. Da von den drei Archiven bisher nur das von Mari teilweise wiedergefunden wurde, sind vor allem Briefe des Königs und Ischme-Dagans an Jasmach-Adad erhalten und nur wenige Briefe des letzteren an Vater und Bruder, vermutlich zumeist nicht abgesandte Archivabschriften. Von rein persönlichen, familiären Dingen ist in diesen Briefen fast nie die Rede; davon sprechen übrigens auch die Privatbriefe der Zeit nur sehr selten. Aber bei der Politik klingt doch allerlei Menschliches mit an.

Es war nicht von ungefähr, daß Schamschi-Adad seine beiden Söhne — von weiteren Söhnen hören wir nichts — anscheinend schon in sehr jungen Jahren zu Statthaltern über nicht ganz kleine Provinzen machte und daß er die Posten so und nicht anders verteilte. Mißtrauen gegen Familienfremde war wohl nicht der entscheidende Grund; denn wir hören von mehreren hohen Beamten, die ihm anscheinend lange dienten und großes Vertrauen bei ihm genossen. Aber der König war in Assyrien ein fremder Usurpator und suchte das nicht einmal zu verhehlen; denn in Inschriften und Briefen gebrauchte er zeitlebens den vom Assyrischen erheblich abweichenden babylonischen Dialekt von Mari. Wenn er nun seiner Familie das Königtum erhalten wollte, mußten seine Söhne in der Lage sein, das von ihm Aufgebaute zu bewahren. Den besten Weg dazu, die Fähigkeit dazu zu wecken und zu stärken, sah er in der frühzeitigen Übertragung von Verantwortung an sie. Dabei trug er der offenbar großen Verschiedenheit ihrer Anlagen gebührend Rechnung. Dem Kronprinzen Ischme-Dagan übergab er den bei weitem gefährdeteren Posten in der Südostprovinz, die mit Angriffen aus Babylonien, dem Fürstentum von Eschnunna und aus den Randgebirgen Irans mit ihren wilden Völkerschaften rechnen mußte und in der es auch immer wieder galt, möglichen Angriffen durch eigene Angriffe zuvorzukommen. Denn er hatte zu ihm besonders großes Zutrauen, da er offenbar ein guter Soldat und Truppenführer war, in seiner ganzen Art dem Vater sehr ähnlich, nur seiner Jugend entsprechend vielleicht ein noch größerer Draufgänger als der König in seinen reiferen Jahren. Seine Erfolge auf Feldzügen, die er ganz oder teilweise selbständig zu führen hatte, trugen ihm manches Lob des Vaters ein, das wir freilich nur aus den dem jüngeren Sohn behufs Anspornung zum Nacheifern gesandten Berichten kennen. Unzufriedenheit mit dem Kronprinzen klingt nur ganz vereinzelt einmal an. Jasmach-Adad war offenbar aus einem weicheren Holz geschnitzt und nicht so kampffreudig, wie ihn sein Vater gern haben wollte. Vielleicht infolge seiner Jugend war er auch in der Behandlung von Untergebenen oft unsicher, überdies etwas bequem, so daß der Vater hier mehrfach Anlaß zu Tadeln und Verweisen hatte. Diese Tadel konnten sehr drastisch ausfallen, wenn es der Sohn an der geforderten Umsicht bei der Ausführung der väterlichen Befehle fehlen ließ, die oft viel eigene Überlegung und Initiative verlangten. So hatte Jasmach-Adad einmal über ihm nicht zustehende Kornabgaben verfügt; die Zurechtweisung schloß, wie folgt: „Und du, wie lange noch sollen wir dich immer gängeln? Bist du klein, bist du kein Mann, ist noch kein Flaum auf deiner Wange? Wie lange noch kannst du deinem Haus nicht (richtig) vorstehen? Siehst du nicht deinen Bruder, der schon große Heerbanne befehligt? So steh auch du (wenigstens) deinem Palast, deinem Haus (richtig) vor!" Ganz ähnlich wurde er abgekanzelt, als er Verleumdungen eines Untergebenen zuließ, ohne einzuschreiten. Und dabei mußte er sich den ersten Brief sogar noch in Gegenwart eines seiner Beamten vorlesen lassen! Wir kennen auch die verständlicherweise gekränkte Antwort des Sohnes. Er beklagt sich, daß man ihn beim Vater verleumde; außerdem hätte ihn sein Vater doch gewiß nicht eingesetzt, wenn er wirklich so unfähig wäre. Ein anderer Brief des Königs berichtet einen neuen Erfolg des Bruders und fährt dann fort: „Dein Bruder hat hier einen General erschlagen, du aber liegst dort zwischen den Weibern! Jetzt aber, wenn du mit den Truppen nach Qatanum gehst, sei ein Mann! Wie dein Bruder sich einen großen Namen machte, mach auch du dir einen großen Namen!" Der hier befohlene Zug nach der syrischen Stadt Qatanum war übrigens kein Kriegszug, sondern galt nur der Einholung der Tochter des dortigen befreundeten Fürsten als Gemahlin; aber dem Vater mußte natürlich daran liegen, daß sein Sohn bei dieser aus politischen Gründen eingefädelten Eheschließung eine gute Figur machte. Beiden Brüdern zugleich wurde einmal die Meinung gesagt, als sie sich zankten, statt die Aufmerksamkeit dem Feinde zuzuwenden: „Wie Ringer (?) sucht ein Bruder dem anderen immer wieder nachzustellen! Es könnte (aber) wie in jenem Sprichwort gehen: ‚Eine Hündin gebar, weil sie sich (vor der Niederkunft) ums Futter raufte, verstümmelte Junge'. Deswegen tut ihr nicht dergleichen!" Auch unnötige Fragen, wenn der Sohn selbst die Entscheidung treffen konnte, mochte der Vater nicht hören: „Wer ist der, den ich von hier aus zu deiner Verfügung einsetzen soll? Du kennst deine Diener! Setze einen ein, der dir genehm ist!" In einem anderen Fall schreibt der König, er könne eine Stadt, wenn der Sohn sie nicht in Ordnung halten könne, auch einem anderen zur Verwaltung übergeben. Noch weniger ließ er Ausreden gelten: „Kann der Mann (‚der sich die Hüften verrenkt hat') nicht auf einem Esel reiten? Warum hast du ihn bis jetzt nicht geschickt? Nach meiner Meinung hättest du ihn bereits vor 20 Tagen schicken können!" Sehr gern gebraucht der König schließlich auch ironische und sarkastische Wendungen. So sagt er von einem Bezirksstatthalter, an den unberechtigt hohe Geldforderungen gestellt werden: „Ganz gewiß befindet sich in seinem Bezirk eine Silbergrube, aus der er das Silber holen und mir bringen kann!!" oder zu Jasmach-Adad, als dieser ihn einmal warten ließ: „Ganz gewiß bleibe ich (dauernd für dich) in Schubat-Ellil!!".

Aber es würde einen falschen Eindruck machen, wenn wir nur die manchmal massiven Zurechtweisungen aus den Briefen des Königs zitieren würden. Er kennt auch das Lob, und das nicht nur dem Kronprinzen gegenüber. So schreibt er Jasmach-Adad, als er eine eroberte Stadt unter Verzicht auf Racheakte großzügig behandelt hatte: „Dieses dein Verfahren, das du übtest, ist sehr gut!" Und in vielen seiner Briefe bemüht er sich, ohne jede Schärfe dem Sohn den Sinn befohlener Maßnahmen klarzumachen, damit dieser daraus lerne und im gegebenen Fall sinngemäß handeln könne. Es geht da besonders oft um eine richtige Menschenbehandlung, sei es der Untergebenen, oder sei es der Feinde. Sehr wichtig ist dem König, der um die Blutrachegesetze der Wüste noch weiß, Stämme oder Ortschaften für sich zu gewinnen, die Feinde waren oder einmal werden könnten: „Handle so, daß, wenn ich in jenes Land hinaufkomme, das ganze Land wie ein Mann zu mir übergeht!" Muß man zur Nachrichtengewinnung einmal Leute aufgreifen, so soll man sie nach ihrer Aussage mit einem Ehrengewand wieder entlassen. Besonderen Wert legt der König auf eine entschiedene, aber dabei elastische und vorsichtige Behandlung der in den Steppen Mesopotamiens noch ohne feste Wohnsitze herumziehenden Beduinen. Unter diesen spielt die große Stammesgruppe der Benjaminiten, deren Reste Jahrhunderte später in Palästina im Volk Israel aufgingen, eine große Rolle, da diese in der Gegend von Harran, die nach der Bibel die Heimat der Patriarchen war, zelteten. Sie hatten damit die Möglichkeit, vor unbequemen Maßnahmen auf das Gebiet der benachbarten syrischen Königreiche von Halab (heute Aleppo) und Karkemisch am Euphrat auszuweichen und dann anstatt Schamschi-Adad den Feinden des Königs Heeresfolge zu leisten. Das mußte tunlichst verhindert werden. Deswegen ist der König hier sogar bereit, einmal auf die periodischen „Überprüfungen" zu steuerlichen und Aushebungszwecken zu verzichten, denen die Beduinen jener

Zeit immer wieder unterworfen wurden. Stehende Heere in festen Garnisonen hat es übrigens damals höchstens in ganz geringem Umfang gegeben; daher mußten die Soldaten, die meist ein kleines Lehnsgut bewirtschafteten, in gewissen Abständen immer wieder einmal zur Bewirtschaftung ihres Landes kürzer oder länger beurlaubt werden. Feldzüge werden also nicht länger als jeweils einige Monate gedauert haben. Desertionen waren gleichwohl anscheinend häufig, da von ihrer Verfolgung oft die Rede ist. Der Weg in eines der benachbarten Königreiche war bei der damaligen Kleinstaaterei ja meist nicht weit.

Wenn wir Schamschi-Adads Briefe auf die in ihnen behandelten Gegenstände ansehen, so zeigen sie vor allem, wie gründlich der König auch Fragen geringerer Bedeutung nachging und wie gut er über die Menschen, mit denen er zu tun hatte, Bescheid wußte. Er verlangte von ihnen sicher oft viel. Als ein Beamter einmal 200 Leute für Landarbeit anforderte, sagte er: „Wir machen es wie die Turukkäer (ein kriegerischer Stamm im östlichen Gebirge), die einen Schläfer aufwecken und dem, der nur zusieht, kein Brot geben. Wer kein Korn hat und Leute nicht anfordert, dem geben wir Leute; wer Korn hat und (trotzdem) Leute für die Arbeit anfordert, dem geben wir keine.“ Also Hilfe nur dort, wo sie notwendig ist, dann jedoch unaufgefordert. Wer treu dient, erhält aber auch seinen Lohn, und Schamschi-Adad warnt einmal seinen Sohn ausdrücklich, ein so geringwertiges Haus zu schenken, daß der Beschenkte ihn beschämen könne. Ganz großen Wert legt er darauf, daß der einfache Soldat alles erhält, was ihm gebührt; ein Offizier, der sich an den Leuten zustehenden Beuteanteilen bereichert, hat bei ihm gründlich verspielt. Sehr bemüht war er um die Landwirtschaft und dabei insbesondere um die Einführung eines damals konstruierten besseren Pfluges. Da die Zahl dieser Pflüge und derer, die mit ihnen umgehen konnten, zunächst gering war, kümmerte er sich immer wieder um ihre richtige Verteilung über das ganze Land. Sehr gesucht, aber infolge der vielen Fehden der Kleinstaaten oft nicht verfügbar waren auch gute Handwerker; daher ging er diesen sehr nach und bemühte sich, ihnen die Arbeit für ihn reizvoll zu machen.

Noch mancherlei interessante Einzelheiten könnten wir den Briefen Schamschi-Adads und seiner Söhne entnehmen; doch würde das hier zu weit führen. Das Gesagte wird genügen, um einen Eindruck von der Persönlichkeit dieses Königs zu vermitteln, der sicher ein besonders guter Vertreter der Herrschaftsform ist, die wir als patriarchalen Absolutismus bezeichnen können. Nach Herkunft und Neigung war er vor allem Soldat und hatte als solcher während seiner Verbannung ganz von unten anfangen müssen. Er verdankte dieser Zeit ein im Orient durchaus nicht alltägliches Verständnis für das Fühlen und die Wünsche auch der kleinen Leute, denen er ohne jede Sentimentalität mancherlei Fürsorge zuwandte. Er war offenbar sehr impulsiv und sagte seine Meinung auch seinen erwachsenen Söhnen, wie wir sahen, sehr unverblümt. Trotzdem fehlte es ihm bei politischen Entscheidungen nicht an Selbstbeherrschung gerade auch dann, wenn er die Macht zu drastischen Vergeltungsmaßnahmen hatte. Bisweilen allerdings riß ihm die Geduld, und wir haben einen Brief, in dem er ganz genau anordnet, wie die als Geiseln festgehaltenen Söhne eines Mannes, der mit ihm nicht Frieden schließen wollte, bei Nacht unter strengstem Ausschluß der Öffentlichkeit umzubringen seien. Um die Beobachtung der religiösen Kulte zeigte er sich sehr besorgt und nahm sich auch vor Beginn eines Feldzuges die Zeit, die großen Tempelfeste gebührend zu begehen. Ein persönliches Verhältnis zu seinen Göttern lassen seine Briefe allerdings nicht erkennen. Das Bemerkenswerteste an ihm ist zweifellos seine große Gewissenhaftigkeit und sein Eifer bei der Erziehung seiner beiden Söhne zu rechten Herrschern nach dem ihm vorschwebenden Bilde. Wir kennen keinen Fürsten des alten Orients, der in dieser Hinsicht mit ihm zu vergleichen wäre.

Schamschi-Adads Reich umfaßte zur Zeit seiner größten Ausdehnung ganz Assyrien und Mesopotamien, dazu den Norden Babyloniens und wohl noch einzelne Landstriche in den östlichen und nördlichen Randgebirgen, aber nicht Syrien. Er hinterließ es bei seinem Tode im wesentlichen intakt dem Kronprinzen Ischme-Dagan I. (etwa 1717 bis 1677), der sich in einem uns erhaltenen Briefe beeilte, seinen Bruder Jasmach-Adad als Vizekönig von Mari zu bestätigen: „Solange ich und du leben, sitzt du für immer auf deinem Thron. Wir wollen einander einen starken Göttereid schwören!" Die Herrschaft des Jasmach-Adad wird gleichwohl nur noch einige Monate gedauert haben, da ihn der inzwischen in dem benachbarten Aleppo herangewachsene Zimrilim aus der früheren Herrscherfamilie von Mari sehr bald beseitigt haben muß. Der soldatisch so tüchtige Ischme-Dagan regierte zwar 40 Jahre, verlor aber den größten Teil des ererbten Reichs und war zeitweilig ganz von Babylon abhängig. So überlebte das von Schamschi-Adad I. gegründete Reich diesen nicht lange; seine Reichsidee erweckten aber in späteren Jahrhunderten andere Herrscher von Assur zu neuem Leben und damit doch noch zu nachhaltiger Wirksamkeit.

4. Zimrilim von Mari und sein großer Palast

Das bereits erwähnte (S. 25) große Briefarchiv aus Mari stammte nur zum kleineren Teil aus der Regierungszeit von Schamschi-Adad I. und Jasmach-Adad sowie der davor liegenden Zeit des Jachdunlim (S. 26f.). Die große Mehrzahl der Briefe stammt aus der letzten großen Blütezeit von Mari unter Jachdunlim's einzigem am Leben gebliebenen Sohn Zimrilim (wohl 1717 bis 1695). Die verhältnismäßig wenigen Briefe, die bisher veröffentlicht sind, reichen freilich zur Gewinnung eines klaren Bildes von der Persönlichkeit dieses Herrschers nicht aus, um so weniger als das Archiv offenbar ganz überwiegend Briefe an ihn und nur ganz wenige Kopien seiner eigenen Briefe enthielt. Wir erfahren aus ihnen aber über seine Umgebung und seine Umwelt mancherlei, das auch für das richtige Verständnis der Leistung seiner beiden größeren Zeitgenossen Schamschi-Adad I. und Hammurabi von Babylon von großer Bedeutung ist. Daher lohnt es doch, bei den gut zwei Jahrzehnten seiner Regierung hier etwas zu verweilen, zumal da wir die reichen Ausgrabungsfunde aus Mari zur Ergänzung der Briefe heranziehen können. Von den Tausenden von Urkunden aus Mari sind bisher leider erst ganz wenige veröffentlicht.

Wir besitzen keine ausführliche Inschrift des Zimrilim, die etwas über seine militärischen Erfolge berichtete. Nach den Briefen und einigen Jahresdatenformeln dürfte sein Machtbereich zu keiner Zeit über die Grenzen von Mesopotamien hinaus nach Syrien, Assyrien oder Babylonien übergegriffen haben. Damit erhebt sich ähnlich wie bei Gudea von Lagasch die Frage, woher er die Mittel für seine gewaltigen Bauten genommen hat. Wir können sie heute noch nicht beantworten, werden aber aus den Urkunden vermutlich später einmal wichtige Aufschlüsse erhalten. Gewiß war es von Bedeutung, daß die Karawanen von Babylonien und Assyrien nach dem Westen

Zimrilims Gebiet kaum umgehen konnten und ihm daher beträchtliche Einnahmen an Durchgangszöllen zuführten. Denn die Beduinen hatten damals das Kamel noch nicht gezähmt, waren also auf die weit weniger leistungsfähigen und im Trinken nicht so genügsamen Esel angewiesen und konnten daher größere Wüstenstrecken nicht durchqueren.

Zimrilim erscheint nach den Briefen als ein geschickter Politiker, der sich bemüht, überall seine Hände im Spiel zu haben. Zu diesem Zweck unterhielt er Agenten oder Gesandte an den Nachbarhöfen, die ihm regelmäßig sehr genau Bericht erstatten sollten und auch Gerüchte über bevorstehende Ereignisse aufmerksam verfolgen und sich um ihre Klärung bemühen mußten. Die vielfach sehr ausführlichen Berichte seiner Agenten sind für uns die wichtigste Quelle für die so oft wechselnden Beziehungen zwischen den größeren und kleineren Mächten jener Zeit, über die wir aus anderen Quellen so gut wie nichts erfahren. Wie die meisten Könige dieser Zeit hatte Zimrilim meist nicht die Macht, größere Aktionen allein durchzuführen, sondern mußte sich dafür die Unterstützung von Nachbarfürsten erbitten, die diese natürlich nur unter der Bedingung gewährten, daß er sie bei anderer Gelegenheit auch unterstützte. Solche Bündnisse hielten so lange, wie sie beiden Partnern Vorteil brachten. Änderte sich die Lage, wurde der Feind von gestern zum Bundesgenossen gegen den Freund von gestern. So zieht Zimrilim einmal dem Oberkönig von Elam zu Hilfe und steht ein anderes Mal gegen ihn und tötet einen seiner Generäle. Wir werden sehen, wie Hammurabi von Babylon in überlegener Weise das gleiche Spiel spielte, und das 14. Kapitel des 1. Buches Mose in der Bibel bewahrt die Erinnerung an ähnliche Koalitionskriege in Palästina einige Jahrzehnte später. Meistens handelte es sich bei den Koalitionskriegen um kleinere Aktionen mit begrenztem Ziel. Gelegentlich hören wir aber von Truppenstärken bis zu 30 000 Mann auf einer Seite; auch wissen wir, daß es neben den vielen Kleinkriegen Auseinandersetzungen gab, die zur völligen Zerstörung und Ausschaltung bisheriger Machtzentren führten. Es ist fraglich, ob Zimrilim solche Erfolge je beschieden waren. Soweit bisher erkennbar, war sein größter Erfolg ein vielleicht sogar allein errungener, großer Sieg über die immer aufsässigen Beduinenstämme der Benjaminiten, der diesen anscheinend die schwersten Verluste zufügte. Wenn man den Briefwechsel Zimrilims, soweit bisher bekannt, mit dem Schamschi-Adad's und Hammurabis vergleicht, so entsteht der Eindruck, daß seine persönliche Autorität in keiner Weise jenen gleichkam. Wir hören mehrfach von Eigenmächtigkeiten und von Gehorsamsverweigerungen sogar in unmittelbarer Nähe der Hauptstadt. Gegen Ende seiner Regierung machte ihm in Nordmesopotamien offenbar das Eindringen churritischer Gruppen aus den iranischen Randgebieten allerlei zu schaffen. Diese Churriter sollten in späteren Jahrzehnten unter indo-arischen Dynasten die Kanaanäer in der Herrschaft über Mesopotamien ganz ablösen. Einen churritischen Namen trägt übrigens auch ein gewisser Arrijuk, der sich in zwei Briefen Sohn des Zimrilim nennt; er könnte mit dem in der Bibel genannten (späteren) König Arioch von Ellasar (die Lage dieses Landes ist noch unbekannt) identisch sein (vgl. 1. Mose 14, 1. 9).

Wenn Könige dieser Zeit ins Feld zogen oder Baupläne ausführen wollten, so pflegten sie den Willen der Götter vorher zu erkunden. Das geschah meistens mittels der Opferschau. Die mit ihr betrauten Priester achteten auf das Verhalten eines Opferschafes bei der Opferung und prüften dann vor allem genau die Lage, das Aussehen und etwaige Zuckungen der Eingeweide, insbesondere von Leber und Galle, und werteten alles nach den Deutungsgrundsätzen der Vorzeichen‚wissenschaft' aus. Es versteht sich, daß bei der großen Mannigfaltigkeit der zu beobachtenden Erscheinungen an den Eingeweiden der Willkür in der Ausdeutung ein breiter Raum gelassen war; denn sehr oft wird man an demselben Opfertier für die Pläne des Auftraggebers ‚günstige' und ‚ungünstige' Zeichen gefunden haben, die man gegeneinander abwägen mußte. Aber die Götter hatten damals auch andere Mittel, ihren Willen kundzutun, nämlich durch Menschen, die in der Ekstase ganz bestimmte Worte eines Gottes zu hören glaubten und dann diese Worte als seinen Willen verkündigten, mochte der König die Gottheit auch gar nicht gefragt haben. Ein solcher Gottesspruch lautet: „Bin ich nicht (der Gott) Adad, Herr von Kallassu, der ich ihn (d. h. Zimrilim) auf meinem Schoß großgezogen und ihn auf seines Vaters Thron zurückgeführt habe? Als ich ihn auf den Thron seines Vaterhauses zurückgeführt hatte, gab ich ihm außerdem noch eine Wohnstätte (d. h. seinen Palast). Jetzt will ich so, wie ich ihn auf den Thron seines Vaterhauses zurückführte, (den Ort) Nechlatum aus seiner Hand nehmen. Wenn er nicht geben will, so bin ich der Herr von Thron, Erde und Stadt: Ich werde, was ich gab, wegnehmen! Will er jedoch das von mir Gewünschte geben, so werde ich Thron über Thron, Haus über Haus, Erde über Erde und Stadt über Stadt ihm geben. Auch werde ich ihm das Land von Sonnenaufgang bis -untergang geben!" Hier verlangt also der Wettergott Adad, vielleicht im Rahmen eines Gebietsaustausches zwischen Mari und Aleppo, von Zimrilim die Herausgabe einer Ortschaft. Drohungen und Verheißungen geben seinem Befehl, der an frühere Wohltaten, vor allem die Einsetzung mit Hilfe des Jarimlim von Aleppo, erinnert, ein noch größeres Gewicht. Äußerlich erinnert dieser Spruch wie mehrere ähnliche an manche Prophetensprüche des Alten Testaments und bestätigt die biblischen Aussagen, daß es eine Art von Prophetentum neben und im Gegensatz zum Kultpriestertum auch außerhalb Israels gegeben hat. Inhaltlich weht allerdings in den biblischen Prophetensprüchen ein ganz anderer Geist, der durch Gottes Auftrag an die Propheten bestimmt ist. Für die äußere Vorgeschichte biblischer Prophetie können wir aber aus den Briefen an Zimrilim unerwartet wichtige Aufschlüsse gewinnen

Wie die anderen Könige ließ es Zimrilim auch an äußerer Fürsorge für seine Untertanen nicht fehlen. Beschwerden über schlechte Behandlung konnten ihm vorgetragen werden. Außerdem bemühte auch er sich um Verbesserung und Ausbau der Bewässerung, um neuen und fruchtbaren Ackerboden zu gewinnen. Hierbei hat ihn anscheinend besonders der als Statthalter in dem schon erwähnten Terqa eingesetzte Kibri-Dagan unterstützt, von dem fast 100 Briefe bekannt sind, die von seiner gewissenhaften und in vielem durchaus selbständigen Verwaltungsarbeit Zeugnis ablegen. Offenbar verstand auch Zimrilim die Gewinnung tüchtiger und zuverlässiger Beamter, die mehrfach zugleich militärische Funktionen versehen konnten. Von den damals angelegten Kanälen sind Reste noch heute im Gelände erkennbar.

Mit vielen Königen hatte Zimrilim auch die Jagdleidenschaft gemeinsam. Er hatte seinen Untertanen daher offenbar verboten, ihm vorbehaltene Jagdtiere, vor allem Löwen, zu töten. Das konnte zu merkwürdigen Situationen führen, von denen wir gelegentlich aus Briefen erfahren: „Zu meinem Herrn sprich: so sagt Jakkim-Adad, dein Knecht: Früher hatte ich folgendermaßen meinem Herrn geschrieben: ‚Ein Löwe wurde auf dem Dach eines Hauses in Akkaka gefangen. Wenn dieser Löwe bis zur Ankunft meines Herrn auf dem Dache sitzen bleiben soll, möge mir mein Herr schreiben, und wenn ich ihn zu meinem Herrn bringen lassen soll, möge mein Herr mir (auch) schreiben!‘ Jetzt hat sich der Brief meines Herrn verzögert, und der Löwe saß schon fünf Tage auf dem Dach. Einen Hund und ein Schwein warf man ihm vor, aber er mochte nicht fressen. Jetzt sagte ich mir: vielleicht erregt dieser Löwe eine Panik. Daher geriet ich in Furcht, sperrte diesen Löwen in einen hölzernen Käfig und verlud ihn auf einem Schiff und ließ ihn zu meinem Herrn schaffen.“ Was der König mit dem Löwen machte, ist uns nicht überliefert.

Noch stärker als die Jagdleidenschaft war bei Zimrilim aber die Bauleidenschaft. So errichtete er außer Tempeln für die Götter in seiner Hauptstadt einen Palast, vermutlich in Anlehnung an ältere Bauteile, der damals als eine Art von Weltwunder gegolten haben muß. Denn der König Hammurabi von Aleppo (es lebten damals vier Fürsten dieses Namens!) schrieb ihm: „Der Mann (d.h. Kleinfürst) von Ugarit (am Mittelmeer 10 km nördlich von Lattakije) schrieb mir, wie folgt: ‚Zeige mir den Palast des Zimrilim, daß ich ihn sehe!‘ Daher schickte ich jetzt nun seinen Diener zu dir!“ Der Palast fiel wie die Stadt der Zerstörung durch Hammurabi von Babylon 1695 zum Opfer; die erhaltenen und jetzt ausgegrabenen Reste zeigen aber, daß Größe und Ausschmückung dieses Bauwerks seinen großen Ruf schon rechtfertigten, obwohl die Freilegung noch nicht vollendet ist. Auch andere Paläste dieser und früherer Zeiten bedeckten Flächen von etwa 1 Hektar und enthielten viele Räume, die um mehrere große Höfe gelagert waren. Der in seiner Grundrißgestaltung (Abb. 9) nicht streng rechteckige Palast des Zimrilim muß aber eine Westfront von etwa 200 m Länge und eine Nordfront von etwa 125 m Länge gehabt haben. Schon jetzt sind 260 Räume freigelegt; insgesamt waren es gewiß über 300 größere und kleinere Räume. Leider ist in keinem Fall ein Raum ganz erhalten. Die Deckbalken und damit die Decken überhaupt werden größtenteils schon den großen Bränden bei der Zerstörung zum Opfer gefallen sein. Was übrig blieb, verrottete in den über 3600 Jahren seither, da das Klima in Mesopotamien nicht so trocken ist wie in

Ägypten, in dessen Wüsten sogar Papyrus erhalten bleibt. Auch von den Wänden sind vielfach nur die Grundmauern, günstigsten-

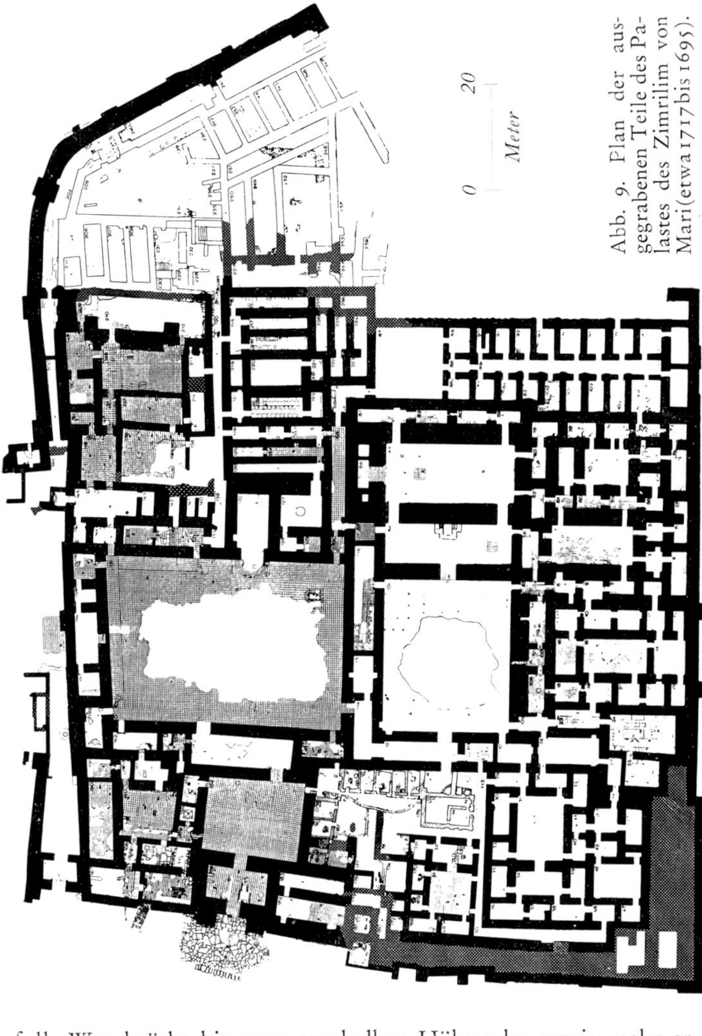

Abb. 9. Plan der ausgegrabenen Teile des Palastes des Zimrilim von Mari (etwa 1717 bis 1695).

falls Wandstücke bis etwa zur halben Höhe oder wenig mehr erhalten, in einigen Teilen dieses Palastes immerhin bis zu 5 m Höhe.

Der Grund ist, daß man in dem steinarmen, aber lehmreichen Mesopotamien wie in Babylonien nur ganz selten aus Stein baute und gebrannte Ziegel ebenfalls nur in beschränktem Umfang, vor allem zur Verblendung der Außenmauern, verwandte. Das normale Baumaterial war der ungebrannte, nur in der Sonne getrocknete Lehmziegel, der im trockenen Zustand auch steinhart war, aber der Feuchtigkeit auf die Dauer doch nicht ganz widerstehen konnte. So fielen die oberen Schichten fast immer der Regenfeuchtigkeit zum Opfer, bildeten dann allerdings oft eine nur wenig wasserdurchlässige Schicht, unter der die unteren Teile der Mauern erhalten blieben. Die vielen Sandstürme aus der Wüste legten dann über das Ganze noch eine gleichfalls gut konservierende Sandschicht. Wegen dieses Baumaterials können wir uns von der Raumwirkung der Zimmer und Säle mesopotamischer Paläste wie der Kulträume in den Tempeln keine auf Anschauung gegründete Vorstellung machen. Wir haben daher von der altorientalischen Baukunst nur ein sehr unzureichendes Bild. Auch die Fassaden sind nie bis zur vollen Höhe erhalten; von ihrem Aussehen vermitteln aber manchmal bildliche Darstellungen von Bauwerken auf alten Reliefs wenigstens einen ungefähren Eindruck, der für die Wirklichkeit selbst natürlich auch nur ein sehr mangelhafter Ersatz ist. Vom Palast von Mari und gleichzeitigen Bauwerken fehlen bisher bildliche Darstellungen; daher können wir über seine vermutlich zinnengekrönte Fassade ebenso wenig Bestimmtes sagen wie über die Raumwirkung.

Der wahrscheinlich einzige Eingang lag im Norden und war von monumentaler Größe. Durch zwei kleinere Höfe gelangte man in den gewaltigen Haupthof (49×33 m), an dessen Südwand die Audienzhalle des Königs lag mit einem Podium für seinen Thron. Auf diesem Hof konnten sich große Menschenmassen versammeln. Knapp halb so groß (29×26 m) war der westlich davon gelegene zweite große Hof, an den sich im Süden die Räume des Palastheiligtums anschlossen; in die erhöht liegende Zella mit dem Gottesbild (Raum 66) gelangte man über eine elfstufige breite Treppe. Über ein Fremden nicht zugängliches Privatheiligtum verfügte der König nahe der östlichen Außenwand (Räume 149/150), während seine privaten Wohnräume offenbar in der Nordwestecke lagen, wo man in Raum 46 sein eigenes Zimmer vermutet. Neben Verwaltungsräumen, Wohnungen für die Dienerschaft und die Palastwachen sowie ausgedehnten Magazinen enthielt der Palast u. a. eine Schule mit Tonbänken für den Regierungsschreibernachwuchs (Raum 24/5), Weinkeller, in denen man die Krüge noch an Ort und Stelle fand, Bad, Küche und Anrichteräume sowie schließlich die schon erwähnten Archive (Raum 115 mit der Korrespondenz, 108 und 5 mit den Urkunden). Noch vorhandene Reste der reichen Ausstattung ermöglichten die Identifizierung dieser Räume, wie sie in gleichem Umfang bisher in keinem der anderen Paläste des Landes gelungen ist.

Abb. 10. Standbild der Göttin Ischtar mit der Lebenswasservase aus dem Palast des Zimrilim.

An Kunstwerken fand man im Palast u. a. mehrere zerschlagene, jetzt zum Teil wiederzusammengesetzte Statuen von Göttern und Königen, unter denen das Bild der Ischtar, der Göttin der Geschlechtsliebe und des Krieges, besonders eindrucksvoll ist (Abb. 10). Die Göttin mit Hörnerkrone und reichem Halsschmuck hält eine Vase in der Hand, aus der immer lebenspendendes Wasser sprudelt; das lange Gewand ließ nur die Füße frei. Die Statue war wahrscheinlich bemalt. Noch erstaunlicher ist, daß man in einigen Räumen, vor allem dem Audienzraum 132 und dem großen Heiligtums-

Abb. 11. Rest eines farbigen Freskogemäldes aus dem Palast des Zimrilim, dessen Mittelstück die Einsetzung des Königs durch die Göttin Ischtar zeigt.

hof 106, Reste von die Wände bedeckenden mehrfarbigen Freskogemälden fand, meistens Szenen aus dem Götterkult. Verhältnismäßig am besten erhalten ist ein großes Gemälde in rot, gelb, weiß, grün und schwarz, das die Einsetzung des Königs durch die Göttin Ischtar inmitten anderer Gottheiten darstellt. Rechts und links davon sehen wir große Palmen, auf deren zwei je zwei Männer

Abb. 12. Mann mit einem Opferstier (aus einem Freskogemälde im Palast des Zimrilim).

zum Abnehmen der Dattelrispen steigen, sowie mythische Fabeltiere aus alter sumerischer Tradition und fürbittende Gottheiten (Abb. 11). Andere Bilder zeigen in prächtiger Zeichnung Männer, die Opferstiere heranführen, die Opferhandlungen selbst und ornamentale Motive, von denen einige auffällig an frühgriechische Bilder aus dem ägäischen Raum erinnern (Abb. 12). Da die Kunst der Freskomalerei im alten Vorderasien sonst anscheinend nicht allzuviel geübt worden ist — bei den Assyrern finden wir vor allem Flachreliefs und glasierte Ziegelreliefs —, ist es kaum zufällig, daß wir Freskobilder auch in späterer Zeit gerade im Bereich des mittleren Euphrats antreffen, so aus dem 8. Jahrhundert v. Chr. in Til-Barsip (100 km NW Aleppo) und vor allem aus frühchristlicher Zeit in dem 30 km NW von Mari gelegenen Dura-Europos. Der Schluß scheint kaum abweisbar, daß es in dieser Gegend eine viele Jahrhunderte überdauernde Tradition der künstlerischen Freskomalerei gegeben hat, die immer wieder dann zu neuer Blüte kam, wenn sich bedeutende, kunstsinnige Auftraggeber fanden.

Es ist dieser gewaltige, reich geschmückte Palast, der Zimrilim, einen ganz gewiß nicht überdurchschnittlichen Fürsten, schon zu seiner Zeit bekannt gemacht und seinem Namen nun zu neuer Berühmtheit verholfen hat. Da keine Quelle die Namen der Architekten und Künstler kündet, die seinen Plänen Gestalt gegeben haben, bleibt für uns alles nur mit seinem Namen verbunden. Er hat den Palast gewiß nicht nur für sich selbst, sondern ebenso für Kinder, Enkel und Urenkel gebaut, die sein Reich erben sollten. Aber seine politische Rechnung ging nicht auf. Jahrelang hat er, wie die Briefe zeigen, zu seinem Nachbarn Hammurabi von Babylon ein gutes Verhältnis gehabt; aber es kam der Tag, wo das aufhörte. Die Gründe dafür sind aus den bisher bekannten Quellen noch nicht zu erkennen. Hammurabi schaltete in seinen späteren Regierungsjahren die konkurrierenden Nachbarstaaten planmäßig einen nach dem anderen aus. Mari war erstmalig 1697 an der Reihe und mußte sich nach einer verlorenen Schlacht unterwerfen. Zwei Jahre später, wir wissen nicht genau, ob noch unter Zimrilim, versuchte es, die Herrschaft Babels wieder abzuschütteln. Der Versuch mißlang, und der darüber erboste Hammurabi ließ jetzt die Bewohner aussiedeln und Mari so gründlich zerstören, daß nach unserer Kenntnis auf seinem Boden nie wieder eine Stadt von der alten Bedeutung erstand. Nur dörfliche Siedlungen hat es zeitweilig noch gegeben, bis schließlich der Platz gänzlich verlassen wurde und erst vor 20 Jahren wieder Beachtung fand, jetzt seitens moderner Archäologen. Sie haben uns Einblicke in das Leben vor 3650 und mehr Jahren verschafft, wie sie uns in solcher Lebendigkeit im alten Orient nur selten vergönnt sind.

5. Hammurabi von Babylon, Gesetzgeber und Landesvater

Wir hatten, ehe wir unseren Blick nach Assyrien und Mesopotamien lenkten, darauf hingewiesen (S. 23), daß Babylonien nach dem Zusammenbruch der letzten sumerischen Dynastie in mehrere Herrschaften unter kanaanäischen Dynasten auseinandergefallen war. Die wichtigsten der jetzt neu entstandenen politischen Mittelpunkte waren für lange Zeit in Südbabylonien Larsam und in Mittelbabylonien Isin; am Nordostrand von Babylonien kam dazu das bereits erwähnte Königreich von Eschnunna. Viele Kriege zwischen diesen Dynastien ließen es nicht zu einer politischen Stabilität kommen, so daß in Nordbabylonien mehrfach andere kanaanäische Dynasten die Gelegenheit hatten und wahrnahmen, eine kleine selbständige Herrschaft aufzurichten. Meistens bestanden diese Herrschaften allerdings bestenfalls einige Generationen und blieben ohne wirkliche Bedeutung, aber es gab eine Ausnahme. Etwas oberhalb des heutigen Hilleh lag am Euphrat schon zur Zeit der Großkönige von Akkade (S. 15f.) ein Städtchen, dessen ursprünglich vielleicht nicht semitischer Name von den Semiten seit jeher als „Gottespforte" (Bab-ili(m), in der Bibel Babel, griech. Babylon) verstanden wurde. Hier nutzte im Jahre 1830 ein Mann namens Sumu-abum die Wirren aus, die nach der Eroberung von Teilen Babyloniens durch den Assyrer Iluschumma (S. 24) entstanden waren, und machte sich nach der Vertreibung der Assyrer selbständig. Eine eigentliche Dynastie konnte erst sein Nachfolger Sumula-ilum begründen; diese hat dann, Sumu-abum eingerechnet, 300 Jahre bis 1531 in Babylon geherrscht. Auch sie wäre vielleicht ohne größere Bedeutung geblieben, wenn nicht als 6. in der Reihe im Jahre 1729/8 *Hammurabi* die Herrschaft angetreten und bis 1686 43 Jahre lang innegehabt hätte. Das schon mehrfach herangezogene Briefarchiv von Mari zeigt uns, daß wir uns die Anfänge dieses Königs im Gegensatz zu früheren Auffassungen kaum klein genug vorstellen können; er kann von seinem Vater nicht viel mehr als die Stadt Babylon mit einigen umliegenden Orten übernommen haben.

Kurz vor seinem Regierungsantritt war ein folgenreiches Ereignis eingetreten: Der südbabylonische König von Larsam Rim-Sin (1761 bis 1700), ein bedeutender Herrscher vielleicht teilweise elamischer

Abstammung, hatte mit Hilfe des damals sehr starken Elam und von Hammurabis Vater die mittelbabylonische Hauptstadt Isin 1732 erobert und der dortigen Dynastie (1969 bis 1732) ein Ende bereitet; dadurch war der größte Teil Babyloniens nach über 200 Jahren erstmals wieder geeinigt. Den nördlichsten Teil Babyloniens dürfte wenig später Schamschi-Adad I. von Assyrien besetzt haben. Zwischen diesem und Rim-Sin konnte Hammurabis Stellung zunächst nur eine sehr bescheidene, vielleicht sogar nicht einmal immer ganz unabhängige sein. Aber er fand sich damit nicht ab, sondern begann schon in seinem 6. Jahr mit Vorstößen nach Süden und Norden. Wesentliche Entlastung brachte der Tod Schamschi-Adad's, der etwa in sein 11. Jahr fiel; Assyrien mußte nun Nordbabylonien und einige angrenzende Gebiete Hammurabi ganz überlassen. In den folgenden etwa 15 Jahren stand Hammurabi anscheinend in mindestens äußerlich guten Beziehungen sowohl mit Rim-Sin von Larsam als auch mit Zimrilim (S. 34), der nunmehr König von Mari geworden war. Wir hören von gemeinsamen Unternehmungen, bei denen der wichtigste Gegner offenbar Elam und das von Elam abhängige Eschnunna war. Da diese Unternehmungen, wie es scheint, meist klein blieben, fand Hammurabi Zeit und Mittel genug, sein Land militärisch zu stärken; er muß es dabei verstanden haben, seine Bundesgenossen Rim-Sin und Zimrilim über seine eigentlichen Ziele völlig zu täuschen. 1700 war es soweit, daß er aus seiner Zurückhaltung heraustreten und nach einem großen Sieg eine Koalition der östlichen und nördlichen Länder von Elam bis Assyrien — dort regierte damals Ischme-Dagan (S. 33) — zerschlagen konnte. Im nächsten Jahr wandte er sich gegen Rim-Sin und konnte den inzwischen sicher mehr als Achtzigjährigen vermutlich ohne große Schwierigkeiten besiegen. Damit war ganz Babylonien wieder geeinigt. Nun geht es Schlag auf Schlag: Nach einem neuen Sieg über Assur und Eschnunna wird Mari 1697 geschlagen und 1695 zerstört (s. S. 44). Bald darauf wurde Eschnunna ebenso gründlich zerstört und ganz Assyrien erobert; Ischme-Dagan zog sich wohl ins Gebirge zurück und trat erst nach Hammurabis Tod wieder hervor. Das alles konnte nur glücken, weil Hammurabi es offenbar verstanden hat, seine Gegner immer wieder gegeneinander auszuspielen, so daß sie nie alle zugleich gegen ihn standen und im entscheidenden Augenblick mehr oder minder isoliert waren. Über die Einzelheiten dieser Entscheidungskämpfe wissen wir leider fast nichts, da das Briefarchiv von Mari, bis dahin unsere beste Quelle, nun natürlich versagt und Hammurabi selbst uns eigentlich nur über das Endergebnis der Kämpfe unterrichtet, nämlich seine Herrschaft über „die vier Weltufer" von den Grenzgebieten Elams am Persischen Golf bis hin nach Assyrien und Mesopotamien. An das Ufer des Mittelmeers ist er freilich trotz der traditionellen, anspruchsvollen Titulatur offenbar ebenso wenig gekommen wie an die Ufer der oft als Meer bezeichneten großen Seen Armeniens; wir hören nichts von einem Angriff auf die syrischen Staaten. In seinen letzten fünf Jahren scheint der König keine Kriege mehr geführt zu haben. Nicht ohne Bedeutung ist, daß er von seinen Eroberungen oft in der Form spricht, daß er den einverleibten Gebieten in Notzeiten — etwa bei Hochwasserkatastrophen — seine besondere Fürsorge zugewandt habe. Wir haben Grund zur Annahme, daß das bei ihm nicht nur eine leere Floskel war.

Hammurabis außenpolitische Leistung war also gewiß eindrucksvoll: er hat ganz Babylonien von einer neuen Hauptstadt aus wieder geeinigt und durch Besetzung der angrenzenden Gebiete gesichert, aus denen sonst so oft Überfälle auf das babylonische Fruchtland unternommen wurden. Ein eigentliches Großreich hat er so wenig wie vor ihm Schamschi-Adad I. errichtet. Seine äußeren Erfolge allein würden ihm gewiß einen Platz in unseren Geschichtsbüchern sichern; aber das, was ihn aus der Reihe der anderen Könige eigentlich heraushebt, ist seine Tätigkeit als Gesetzgeber und fürsorglicher Landesvater. Wir wissen heute, daß Hammurabi nicht der erste König in Babylonien war, der Gesetze aufzeichnen ließ. Wir kennen zu größeren Teilen oder sogar fast vollständig mindestens drei ältere Sammlungen, als älteste in sumerischer Sprache die von Ur-Nammu von Ur (2064 bis 2046), sodann die akkadisch geschriebenen Gesetze des Bilalama von Eschnunna (um 1920), schließlich die sumerischen des Lipit-Ischtar von Isin (1875 bis 1864). Keine dieser Sammlungen ist ein vollständiges Gesetzbuch; sie enthalten vielmehr, vielleicht in Verbindung mit einigen überkommenen Bestimmungen, Reformgesetze, behandeln also aus dem umfangreichen Gesamtbereich der Gesetzgebung nur eine kleine Auswahl von Gegenständen, bei denen der betreffende König vom Bisherigen abweichende Regelungen für erforderlich hielt. Bürgerliches Recht,

Strafrecht und Tarifbestimmungen sind, anders als bei uns, nicht geschieden, und eine Systematik im Aufbau der Gesetzessammlungen, deren keine mehr als 50 Gesetze umfaßt, ist noch nicht zu erkennen. Die Art der Formulierung der meisten dieser Gesetze mag ein Paragraph aus den Ehegesetzen des Bilalama veranschaulichen: „Wenn ein Bürger die Tochter eines Bürgers, ohne ihren Vater und ihre Mutter zu fragen, heiratet und mit ihrem Vater und ihrer Mutter weder ein Hochzeitsmahl noch einen Ehevertrag macht, so mag sie (die Tochter) ein ganzes Jahr in seinem Hause wohnen und ist doch nicht Ehefrau".

Die seit ihrer Auffindung vor gut 50 Jahren berühmten Gesetze Hammurabis sind grundsätzlich von der gleichen Art wie die älteren, bilden also auch kein vollständiges Gesetzbuch, obwohl es etwa 200 waren. In der Erfassung und Formulierung der Tatbestände ist aber ein beträchtlicher Fortschritt festzustellen, der teilweise gewiß darauf zurückzuführen ist, daß die vorliegende Fassung aus den letzten Jahren Hammurabis stammt und das Ergebnis immer erneuter Durcharbeitung ist; ein Teil der Gesetze war nach einer Jahresdatenformel offenbar schon in seinem ersten Jahr erstmalig verkündigt worden. Der Text der Gesetze ist zunächst für den Gebrauch der Richter auf Tontafeln geschrieben worden, wurde dann aber auch in große Steinstelen eingemeißelt, die auf öffentlichen Plätzen der Städte aufgestellt wurden und damit allen, die lesen konnten, zugänglich waren. Eine dieser Stelen aus schwarzem Diorit ist später nach der elamischen Hauptstadt Susa verschleppt, dort als Beute aufgestellt und jetzt wieder aufgefunden worden. Leider ist auf ihr ein Teil der Gesetze ausgemeißelt, um Platz für eine — niemals angebrachte — Siegesinschrift zu schaffen; einige von diesen kennen wir aber aus Tontafelbruchstücken. Auf dem Oberteil der Stele ist Hammurabi im Bilde dargestellt, wie er die Gesetze vom Sonnengott Schamasch, dem Wahrer des Rechts, der alles, auch das Verborgene, sieht, empfängt; die Füße des sitzenden Gottes stehen auf schematisch gezeichneten Bergketten, der König hebt betend seine rechte Hand auf (Abb. 13). Die akkadisch abgefaßten Gesetze — anders als noch Rim-Sin von Larsam schrieb Hammurabi nur noch selten sumerisch — sind von einer Einleitung und einem Schlußteil in dichterischer Sprache eingerahmt, die von Hammurabis Berufung durch die Götter, seinen Leistungen für die

Städte des Reichsgebiets, seinen Titeln und den Motiven seiner Gesetzgebung handeln; der Schluß klingt in Segenswünsche für die Könige, die seine Gesetze befolgen, und in Flüche für diejenigen, die das nicht tun, aus. Ein Kernsatz der Einleitung ist: „Mich, Hammurabi, den aufmerksamen, gottesfürchtigen König, haben, um Gerechtigkeit im Lande sichtbar werden zu lassen, den Ruchlosen und

Abb. 13. Oberteil der Gesetzesstele des Hammurabi von Babylon (1729 bis 1686). Der König vor dem Sonnengott.

den Bösewicht zu vernichten, auf daß der Starke den Schwachen nicht entrechte, damit ich wie die Sonne über den Schwarzköpfigen aufgehe und das Land erhelle, die Götter Anu und Ellil für das Wohlergehen der Menschen bei Namen genannt." Am Schluß heißt es u. a. „Für die Schwarzköpfigen, über die mir der Gott Marduk das Hirtenamt gab, war ich weder müde noch lässig, suchte ihnen immer wieder Stätten der Wohlfahrt, weitete bedrückende Beengungen auf und ließ über ihnen das Licht aufgehen ... Mein schöner Schatten ist über meine Stadt gebreitet; die Menschen des Landes Sumer und Akkad hielt ich auf meinem Schoß, so daß sie durch mich Fülle erhielten, umsorgte sie in Frieden und ließ sie in meiner Weisheit geborgen sein. Daß der Starke den Schwachen nicht entrechte, um Waise und Witwe ihr Recht zu schaffen, ... schrieb ich meine so köstlichen Worte auf meinen Denkstein ... Der entrechtete Bürger, der es mit etwas zu tun bekommt, trete vor mein Bildnis als König der Gerechtigkeit, lese meinen Schriftstein laut und höre meine kostbaren Worte an, dann möge er ... die Rechtsentscheidung für sich finden und sein Herz (mit den Worten) aufatmen lassen: ‚Hammurabi ist ein Herr, der wie ein leiblicher Vater für die Menschen ist ... er ließ es den Menschen für immer gut gehen und hielt das Land in Ordnung.' Dies soll er sagen und mir vor seinem Herrn Marduk und seiner Herrin Ssarpanitum aus ganzem Herzen Segen wünschen!" In diesen Sätzen, von denen einige ähnlich auch bei anderen Königen zu lesen sind, findet das Ideal des fürsorglichen Landesvaters einen besonders schönen Ausdruck, mag in ihnen auch mit Selbstruhm neben dem Preis der Götter nicht gespart sein.

In den Gesetzen selbst findet der Geist einer Zeit, die an äußeren und inneren Spannungen reich war, seinen unser Rechtsempfinden nicht immer ansprechenden Ausdruck. Die Todesstrafe wird sehr oft verhängt auch für Diebstahl, besonders schwere falsche Anschuldigungen, Ehebruchsverbrechen und anderes, bisweilen auch in verschärfter Form (Feuertod, Ertränkung, Pfählung). Das mutet uns barbarisch an, wir dürfen aber hier ebenso wie bei der in manchem ähnlichen Gesetzgebung des Mose nicht vergessen, daß man damals die Freiheitsstrafe (Gefängnis und Zuchthaus) noch nicht kannte, sondern nur Tod, Prügel und Verstümmelungen (diese sind bei Hammurabi seltener) sowie Geld- und Eigentumsstrafen. Merkwürdig ist bei einem Vergleich mit den älteren Gesetzen des Bilalama, wie oft Hammurabi schärfer straft. Die Todesstrafe ist bei Bilalama ziemlich selten angedroht; Körperverletzungen werden meist mit Geldstrafen geahndet, während Hammurabi da wieder ganz nach dem Grundsatz „Auge um Auge" straft. Schematisches Rechtsdenken geht bei ihm sogar so weit, daß es den Baumeister, dessen schlecht gebautes Haus den Bauherrn beim Einsturz erschlägt, hinrichten läßt, statt seiner jedoch seinen Sohn, wenn der Sohn des Bauherrn das Opfer des Einsturzes ist. Man darf vielleicht vermuten, daß die verhältnismäßig milde Strafpraxis des Bilalama sich in den unruhigen Zeiten als nicht genügend wirksam erwiesen hatte. Dabei hat gewiß eine Rolle gespielt, daß die Geldstrafe in der Regel nicht nach dem Vermögen des Schuldigen abgestuft, sondern meist starr festgesetzt wurde; so konnte sie zwar Arme leicht in Schuldknechtschaft bringen, ließ aber Reiche bisweilen, etwa bei schweren Körperverletzungen, recht billig und ohne die notwendige Abschreckung davonkommen. Wichtig ist bei den schweren Strafen, daß immer wieder die Überführung des Verbrechers durch die Richter gefordert wird: „Wenn eine Schenkin als Preis für Bier kein Korn annimmt, sondern nach der großen Gewichtsnorm Silber nimmt, zudem den Bierpreis gegenüber dem Kornpreis überhöht ansetzt, so weist man das dieser Schenkin nach und wirft sie ins Wasser." Schwer zur Rechenschaft gezogen werden Richter, die ohne sorgfältige Untersuchung urteilen und dann ihr Urteil nicht aufrechterhalten können; Amtsenthebung in öffentlichem Verfahren für immer und die Forderung des Zwölffachen des Streitwertes droht ihnen.

Bei der Betrachtung des viel ausführlicher als das Strafrecht behandelten bürgerlichen und des Handelsrechts fällt zunächst auf, daß die Frau entsprechend den Grundsätzen einer patriarchalisch geordneten Gesellschaft zwar keineswegs mit dem Mann gleichberechtigt ist, aber doch über recht erhebliche Rechte verfügt, die auch über die ihr im alten Israel gewährten mehrfach hinausgehen. Der Mann hat unbeschadet seines Rechtes, sich Nebenfrauen zu halten, nur eine Gattin, die er, wenn sie Kinder hat, nicht ohne weiteres von sich scheiden kann. Ihre vermögensrechtlichen Ansprüche sind in jedem Fall durch das Gesetz wirksam geschützt. Die Frau kann auch bestimmte Gewerbe selbständig betreiben, darunter das freilich sehr wenig angesehene Gastwirtsgewerbe. In sozialer Hinsicht ist der Schutz des unverschuldet in Notlage geratenen Schuldners auch bei Pachtverträgen ein ansprechender Zug; seine Verpflichtungen werden oft nicht nur hinausgeschoben, sondern für die Zeit der Not aufgehoben. Die normalen Zinssätze liegen im alten Orient ja sehr hoch, selten unter 30 % im Jahr; dabei ist wohl berücksichtigt, daß der Gläubiger infolge ‚höherer Gewalt' nicht selten mit Totalverlust der Guthaben rechnen mußte. Säumige Schuldner konnten mit Familie in Schuldknechtschaft kommen, blieben aber auch da nicht ganz ohne Rechtsschutz. Der Boden konnte bei den semitischen Babyloniern anders als bei den Sumerern auch Privateigentum sein; Tempel und Staat blieben freilich die größten Grundbesitzer. Die Gesellschaft kennt zwischen den freien Bürgern und den Sklaven noch den Stand der Palasthörigen, der im Interesse des Staates besonders gegen Ausbeutung geschützt wird. Leider führt es hier zu weit, die in vieler Hinsicht bemerkenswerte Rechtsordnung Hammurabis in weiteren Einzelheiten zu betrachten; das Bemühen um einen Ausgleich zwischen überlieferten Ordnungen und den aus veränderten Verhältnissen entstehenden Notwendigkeiten sowie zwischen der Staatsraison und den Rechten des Einzelnen ist überall erkennbar, wenn auch natürlich nicht überall gleich erfolgreich.

Nun erhebt sich die naheliegende Frage, ob nicht gerade die besonders ansprechenden Züge dieser Rechtsordnung weithin nur Theorie waren und den Blick von einer recht andersartigen Wirklichkeit ablenken sollten. Selbstverständlich wird keine Rechtsordnung, auch bei uns heute, ganz so verwirklicht, wie ihre Schöpfer sie gewollt haben; menschliche Interessen und Unzulänglichkeit stehen der Durchführung des Rechts in allen Lebensbereichen immer wieder hindernd im Wege. Für Hammurabi sind wir nun in dieser Hinsicht zum Glück nicht auf theoretische Betrachtungen allein angewiesen, sondern haben die Möglichkeit, auch einiges von seinem praktischen Tun kennenzulernen. Wir kennen nämlich etwa 150 seiner Briefe an zwei seiner Statthalter in Babylonien und dazu eine größere Zahl von Briefen seines Ministers Awil-Ninurta. Diese Briefe geben uns Einblicke in die Verwaltungspraxis des Königs und seiner obersten Kanzlei, wie wir sie aus anderen Quellen niemals gewinnen könnten. Nachdem sich auch unser Versuch einer Würdigung seines älteren Zeitgenossen Schamschi-Adad I. vor allem auf dessen Briefe gestützt hat, liegt es nahe, diese Briefe mit denen Hammurabis zu vergleichen. Dabei bemerken wir sofort, daß trotz des im Wesentlichen gleichartigen sprachlichen Gewands der Stil, der Inhalt und auch der Geist der Briefe in mancher Hinsicht ein anderer ist. Ist der Stil der Briefe Schamschi-Adad's immer durchaus persönlich und manchmal etwas unausgeglichen, so ist der Hammurabis um so ausgefeilter, sehr überlegt und meist wenig persönlich. Natürlich mag dabei die Verschiedenheit der Empfänger von einer gewissen Bedeutung sein. Sie ist es sicher auch für den Inhalt der Briefe. In den Briefen Schamschi-Adad's ist viel von Außenpolitik und militärischen Unternehmungen die Rede, in den uns bekannten Briefen Hammurabis gar nicht. Der Grund dafür ist gewiß, daß die erhaltenen Briefe teils an Sin-idinnam, den Statthalter von Nordbabylonien in Sippar, und zum anderen Teil an Schamasch-chazir, den Statthalter von Südbabylonien in Larsam, und dessen Mitarbeiter gerichtet sind, also an Persönlichkeiten, die offenbar weder mit der Außenpolitik noch mit der militärischen Führung irgendetwas zu tun hatten. Die uns unbekannten Briefe Hammurabis an seine Generäle, seine Gesandten und Agenten sowie seinen Sohn und späteren Nachfolger haben gewiß auch ähnliche Themen behandelt wie die Schamschi-Adad's. Vorläufig aber lernen wir aus den Briefen nur vieles über Hammurabis innere Politik und das, was ihm an dieser besonders wichtig war.

Wir erfahren zunächst, daß der König durchaus nicht nur die großen Richtlinien für innere Politik und Verwaltung gab, sondern sich auch für die Durchführung seiner Anordnungen im Einzelnen sehr genau interessierte. Dementsprechend beschäftigt sich der größte Teil der Briefe mit Einzelfragen aus den Bereichen der Verwaltung, der öffentlichen Arbeiten, der Personalpolitik und nicht zuletzt auch der Rechtspflege, die an ihn von den Statthaltern selbst, von anderen Beamten oder den durch irgendwelche Maßnahmen Betroffenen herangetragen worden waren. Wir sehen da, daß nichts zu gering war, um das persönliche Interesse des Königs zu erwecken, wenn es darum ging, jemand zu seinem Recht zu verhelfen, mochte seine Stellung hoch oder niedrig sein. Vor allem sah er darauf, daß niemandem sein Feldbesitz und seine durch Arbeit erworbenen Ansprüche auf ein kleines Lehnsgut verkürzt wurden: „E., der Musiker, soll sein Feld so, wie er es seit früher hatte, behalten! Auch nicht um ein Musar (ein Flächenmaß von etwa 36 qm) sollst du es ihm verkürzen!“ Besonders schwierige Verhältnisse auf dem Gebiet des Grundeigentums und des Lehnsbesitzes hatte die Eroberung von Rim-Sin's Hauptstadt Larsam (S. 46) geschaffen. Nach der Eroberung war offenbar nicht nur das Land des Königs, sondern auch viel sonstiger Grundbesitz, der den Anhängern des nun abgesetzten Königs gehörte, beschlagnahmt und teilweise Hammurabis Soldaten und anderen, die eine Belohnung verdient hatten, als Lehnsbesitz oder auch zum Eigentum übergeben worden. Wie immer bei solchen

Gelegenheiten, wird die Frage, ob die Beschlagnahme nach den vom König gegebenen Richtlinien zulässig war oder nicht, zunächst nicht allzu genau geprüft worden sein. Nachdem sich die Verhältnisse beruhigt hatten und Schamasch-chazir die Zivilverwaltung übernommen hatte, kamen die Auseinandersetzungen zwischen den neuen und den früheren Besitzern bzw. Eigentümern und die Beschwerden aller derer, die überzeugt waren, daß ihnen Unrecht geschehen sei. Der Statthalter mußte allen Beschwerden nachgehen und sie sorgfältig prüfen. Waren die Betroffenen mit seiner Entscheidung nicht zufrieden, wandten sie sich an den König, der seinerseits eine Nachprüfung vornahm und dann dem Statthalter entsprechende Anweisungen gab oder von ihm erneute Nachprüfung und beschleunigte Berichterstattung forderte. Eine solche Anweisung lautete etwa: „Zu Schamasch-chazir sprich: so sagt Hammurabi: S. aus Kutalla, der Dattelgärtner, hat mich, wie folgt, unterrichtet: ‚Schamasch-chazir nahm mir das Feld meines Vaterhauses weg und gab es einem Soldaten.' So hat er mich unterrichtet. Ist dieses Feld ein Dauerbesitz, wann darf das weggenommen werden? Untersuche die Sache! Wenn dieses Feld seinem Vaterhaus gehörte, gib das Feld dem S. zurück!" War infolge der neuen Verhältnisse ein Feldaustausch notwendig, achtete der König genau darauf, daß nicht für gutes Land in Kanalnähe schlechteres gegeben wurde. Schließlich war er anscheinend jederzeit bereit, erfolgte Beschlagnahmungen im Gnadenwege zu überprüfen, wenn die früheren Besitzer der neuen Regierung gegenüber loyal waren: „78 Morgen Land der Söhne des P., das diese früher besessen hatten, gab ich ihnen zurück. Warum hat man sie jetzt aus ihrem Feld verdrängt? Niemand soll sich an ihr Feld und ihr Korn heranmachen!" Gelegentlich wurde allerdings in solchen Fällen nur ein Teil zurückgegeben, aber der Wunsch, frühere Feinde zu gewinnen, ist auch da unverkennbar.

Ist so die Sicherung der Rechtsansprüche des Einzelnen auf seinen Besitz das Anliegen eines sehr großen Teils des Verwaltungsbriefwechsels Hammurabis — und viele Briefe seines Ministers Awil-Ninurta beschäftigen sich mit demselben Thema —, so zeugen andere von den hohen Ansprüchen, die er an die pünktliche Pflichterfüllung und die Unbestechlichkeit seiner Beamten stellte. „Wenn du diesen meinen Brief liest, mach dich auf, reise Tag und Nacht und triff innerhalb von zwei Tagen in Babylon ein" hören wir mehrfach. „Beim Lesen des Briefes“ schon mußten viele Dinge in Angriff genommen und schnellstens bearbeitet werden. Keine Gnade kannte der König, wenn ihm Fälle von Bestechung gemeldet wurden. Ein Eilbote brachte dem Statthalter den Befehl zur sofortigen Voruntersuchung, zur Verhaftung der Beteiligten und zur Sicherstellung der Bestechungssumme. Schuldige, Zeugen und das Geld mußten dann in kürzester Zeit auf den Weg zum König gebracht werden, der sich das Urteil hierüber offenbar selbst vorbehielt. In solchen Fällen konnte es um Kopf und Kragen gehen; schreibt doch der Minister schon in einem anderen Fall: „Ich werde den Verantwortlichen nicht am Leben lassen!“ So stehen die Strenge der dienstlichen Forderung und die Fürsorge für alle Untertanen in einem unlöslichen Zusammenhang.

Die wenigen Proben, die wir aus den Briefen Hammurabis geben konnten, werden genügen, um zu zeigen, daß es nicht nur hochtönende Worte waren, die wir aus Einleitung und Schlußteil der königlichen Gesetzessammlung hier wiedergeben konnten. Hammurabi hat sich wirklich bemüht, seine Regierung den von ihm verkündeten Idealen entsprechend zu führen und seinen Rechtssätzen zur Geltung zu verhelfen. Es wird nicht viele Könige im alten Orient gegeben haben, die sich so um ihre Untertanen bemüht haben. Dabei war er, wie wir eingangs sahen, durchaus kein wirklichkeitsfremder Schwärmer, sondern stand als Politiker mit beiden Beinen auf der Erde. Er kannte sich in den Schlichen der damaligen Politik, nach seinen Erfolgen zu urteilen, besser aus als die Nachbarkönige und scheute sich nicht, zur Vergrößerung seiner Macht auch die üblichen militärischen Mittel einzusetzen. Es scheint aber, daß auch seine Kriegführung menschlicher war als die der meisten anderen. Er berichtet, anders als die Assyrerkönige, nie von Massakern, sondern versichert im Gegenteil, daß er selbst in den beiden von ihm zerstörten Städten, Mari und Eschnunna, den Bewohnern Schonung habe angedeihen lassen, indem er ihnen neue Wohnsitze anwies. Ein Agentenbericht aus Mari zeigt uns, daß er im Umgang mit fremden Gesandten sehr selbstbewußt war. Als sich einige von diesen bei der Verteilung von Ehrengewändern anläßlich eines Hoffestes zurückgesetzt fühlten und sich darob beschwerten, wies sie der König, dessen Macht damals wohl noch durchaus bescheiden war, sehr energisch darauf hin, daß er sich nicht vorschreiben ließe, wem er solche Gewänder schenke und wem nicht. Selbstverständlich haben bei seiner Fürsorge auch Gedanken der Staatsraison eine Rolle gespielt: ein gut geführter Staat mit zufriedenen Untertanen ist immer stärker als ein zu stark ausgebeuteter, wenn beide sonst etwa die gleichen Machtmittel haben. Trotzdem dürfen wir seinen Wunsch, zugleich „Hirte der Menschen" und „tüchtiger König" bzw. „Herrscher der Könige" zu sein, gewiß für aufrichtig halten.

Unser Bild von Hammurabi wäre unvollständig, wenn wir nicht zum Schluß noch etwas über seine religiöse Haltung sagen würden. Das Bewußtsein der göttlichen Berufung und als Folge davon der Verpflichtung, den Göttern durch reiche Opfer und Tempelbau zu dienen, war zwar gewiß allen Königen des Orients gemeinsam. Wir kennen nichts von Hammurabis Kultbauten, weil die Ausgrabung von Babylon wegen des jetzt gestiegenen Grundwassers nur jüngere Tempel aufdecken konnte. Es könnte sein, daß er auch im Tempelbau in manchem neue Wege gesucht hat, wie er das auf anderen Gebieten zweifellos getan hat. In der Einleitung zu den Gesetzen berichtet er noch vor seiner eigenen Berufung, daß der Himmelsgott Anum und Ellil (s. dazu S. 11) dem Gott von Babylon Marduk die Herrschaft über alle Menschen übergeben hätten, d. h. der Aufstieg der früher unbedeutenden Stadt Babylon konnte nur dadurch geschehen, daß ihr Gott einen höheren Rang bekam. Solche politischen Rangerhöhungen von Göttern kennt die Religionsgeschichte in großer Zahl; die meisten von ihnen hatten aber keinen sehr langen Bestand, weil sie offenbar lediglich aus politischen Gründen verkündigt worden waren. Marduk jedoch hat das Reich Hammurabis um viele Jahrhunderte überlebt. Er muß also mehr als ein politischer Reichsgott gewesen sein. Wir wissen nicht, ob es Hammurabi selbst war, der die Babylonier auch außerhalb Babylons zum Glauben an diesen Gott geführt hat, der an die Menschen auch sittliche Forderungen stellte, oder ob er sich nur zum Wortführer einer religiösen Bewegung gemacht hat, die schon vor ihm aufgebrochen war. Aber auch wenn das letztere der Fall gewesen sein sollte, dürfen wir darin, daß er das Zukunftsträchtige einer solchen Bewegung im rechten Augenblick gespürt hat, ein Zeichen dafür sehen, daß er an religiöse Fragen nicht nur als Politiker heranging. Hammurabi hat auf religiösem Gebiet noch einen weiteren Schritt getan, der ebenfalls auf Jahrhunderte hinaus wirksam blieb:

er hat sich anders als sein Gegner Rim-Sin nicht mehr auf Grund der im Kult vollzogenen Götterhochzeit (s. S. 24) als Gott bezeichnet und verehren lassen, wenn er auch den von den Sumerern überkommenen Brauch der kultischen Königsvergöttlichung noch nicht restlos ausmerzen konnte. Auch hier ist es wieder fraglich, ob die Initiative dazu ganz bei ihm lag oder ob ihm zunächst nicht vielmehr seine Priester klar gemacht haben, daß die Grenze zwischen Gott und Mensch nach dem Gottesglauben seines (semitischen) Volkes auch für Könige unüberschreitbar sei. Hammurabi hätte dann nur einem im Volk oder in bestimmten Priesterkreisen wirksamen Widerstand gegen die Königsvergöttlichung nachgegeben. Bei seinem ausgeprägten königlichen Selbstbewußtsein hätte er das aber wohl nicht getan, wenn nicht der Götterglaube, der die Selbstvergöttlichung von Menschen ausschloß, auch in ihm wirklich lebendig gewesen wäre. Wir dürfen überzeugt sein, daß Hammurabi in seinem ganzen Handeln sehr stark durch religiöse Impulse bestimmt war und daß seine Worte, die das sehr stark betonen, nicht leere Redensarten waren. Mögen bei ihm wie bei so vielen anderen manche innere Widersprüche menschlich ohne Ausgleich geblieben sein, so konnte er doch aus seinem Glauben an Marduk und den Sonnengott Schamasch immer wieder die notwendigen Antriebe zu einem verantwortlichen Tun für die ihm unterstellten Menschen gewinnen; wußte er doch, daß diese an das sittliche Handeln weit höhere Anforderungen stellten als die sumerischen Götter. Daß er die religiösen Forderungen nicht nur aussprach, sondern etwas davon in den nüchternen Alltag übertrug, machte seine Größe als Mensch und König aus.

Wie das Reich Schamschi-Adad's I. hatte auch das Hammurabis äußerlich nach seinem Tode keinen langen Bestand. Der größte Teil muß schon seinem Sohn und Nachfolger Samsuiluna (1686 bis 1648) wieder verloren gegangen sein, und unter den letzten vier Herrschern der Dynastie ging es immer weiter bergab, wenn auch das Kernland um Babylon zunächst noch nicht ernstlich gefährdet war. Aus den Rechtsurkunden dieser Zeit können wir schließen, daß sich die Reformgesetze Hammurabis gegen die ältere Praxis nicht überall durchgesetzt haben. Auch die von ihm als bewußt semitischem Babylonier in ihrem Wirkungsbereich beschränkte sumerische religiöse Überlieferung gewann wieder an Boden. Trotzdem blieb seine Zeit nicht eine flüchtige Episode, sondern lebte in der Erinnerung der Babylonier als eine besonders glanzvolle Periode fort. Noch nach über 1000 Jahren haben sich die Chaldäerkönige (s. S. 139) an dem von Hammurabi verkörperten Herrscherideal ausgerichtet. Auch seine Gesetze wurden immer wieder abgeschrieben, sind aber als Ganzes wohl nie wieder in Geltung gesetzt worden; vielleicht dienten sie späteren Generationen als Stilmuster.

6. Babylon wünscht Gold, Assur Kriegsruhm und Macht

Nicht lange nach Hammurabis Tod kam es in Vorderasien zu großen Umwälzungen, die von den iranischen Gebirgen ausgingen. Etwa aus dem heutigen Luristan stießen die Kassiten, ein Bergvolk unbekannter Herkunft, dessen Sprache auf Grund der wenigen bekannten Wörter noch nicht einzuordnen ist, nach Babylonien vor und konnten trotz ihrer anfänglichen Mißerfolge vom Nordosten aus immer größere Teile des Landes besetzen. 1530 führte dann ein überraschender Vorstoß der indogermanischen Hethiter, die in Anatolien ein Reich gegründet hatten, zur Eroberung und Ausplünderung von Babylon und zum Ende der Dynastie Hammurabis, ohne daß die Hethiter ihre Eroberungen festhalten konnten; damit war für die Kassiten die Bahn frei. Ihre Fürsten wurden nun Könige von Nordbabylonien in Babylon und später von ganz Babylonien und konnten diese Herrschaft bis etwa 1160 festhalten. Sie paßten sich in dieser Zeit immer mehr, schließlich auch in der Namengebung der Könige, der überlegenen Kultur ihrer neuen Untertanen an. Über die erste Zeit ihrer Herrschaft schweigen die Quellen fast ganz; sie wird weder politisch noch wirtschaftlich oder kulturell eine Blütezeit gewesen sein. Auch in der Zeit nach 1400, über die wir wieder mehr wissen, tritt uns keine Herrschergestalt entgegen, die fähig wäre, durch ihre Leistungen oder ihre Persönlichkeit unser besonderes Interesse zu beanspruchen. Das angriffsfreudige, abgehärtete Gebirgsvolk hatte als politisch führende Schicht in dem warmen, fruchtbaren Babylonien das bequeme Leben kennengelernt und spürte kein Bedürfnis mehr, ohne Not zu kämpfen. Befördert wurde diese Haltung dadurch, daß Babylonien damals lange Zeit keinen gefährlichen Gegner hatte; der erneute Aufstieg Assurs im 14. Jahrhundert wurde dort anscheinend zunächst nicht genügend ernst genommen. So wandten sich die Interessen der Könige und ihrer zu grundbesitzenden Feudalherren gewordenen hohen Offiziere und Beamten immer mehr wirtschaftlichen Dingen und dem Bauen zu. In Babylon und anderen Städten des Landes sowie der westlich Baghdad neu angelegten Stadt Dur-Kurigalzu, die, nach einem König des 15. Jahrhunderts genannt, zeitweilig wohl die Hauptstadt war, errichteten sie

Abb. 14. Wiederaufgebautes Stück einer Tempelfassade des Karaindasch (um 1410) in Uruk mit Ziegelreliefschmuck.

Tempel von meist bescheidenen Ausmaßen und Palastbauten mit Wandgemälden und neuartigen Ziegelreliefs als Schmuck, bei denen 15 übereinanderliegende Ziegelschichten zum Beispiel eine Götterfigur bildeten (Abb. 14). Für die Ausstattung dieser Bauten brauchten sie auch Gold, und dieses kam damals vorwiegend aus Ägypten. Ein glücklicher Zufall hat uns schon 1887 in el-Amarna in Ägypten, den Ruinen der Hauptstadt des berühmten ‚Ketzerkönigs' Amenophis IV., der sich später Echnaton nannte (1363 bis 1345), einen überraschenden Fund beschert: Reste eines Archivs mit Tontafeln in babylonischer Keilschrift und zumeist babylonischer Sprache kamen zutage, von denen einige auf die babylonischen Könige dieser Zeit ein unerwartetes Schlaglicht werfen. Neben den Briefen der syro-palästinensischen Vasallen des Pharao in babylonisch-kanaanäischer Mischsprache, die die Hauptmasse dieses Archivs bilden, kamen nämlich auch Stücke aus dem Briefwechsel zwischen Ägypten und Babylonien zutage, die für uns sehr aufschlußreich sind.

Zunächst einmal ist das Archiv in Verbindung mit anderen gleichzeitigen oder etwas jüngeren Archiven aus Syrien und Kleinasien ein Zeugnis für die Geltung der babylonischen Kultur in der damaligen östlichen Mittelmeerwelt. Das Babylonische war damals die Diplomatensprache für den Verkehr zwischen den Höfen wie in neuerer Zeit das Französische. An jedem Hof gab es Schreiber, die — oft freilich schlecht genug — babylonisch lasen und schrieben. Die gleiche Stellung hatte das Babylonische in Syrien schon zur Zeit von Schamschi-Adad I. und Hammurabi gehabt; die auf alles Fremde so herabsehenden Ägypter haben es aber wohl erst später übernommen. Die politische Stellung Babyloniens im 14. Jahrhundert entsprach allerdings in keiner Weise dieser Verbreitung seiner Sprache. Die Vormacht im ganzen Gebiet war damals ziemlich unbestritten das Ägypten des sogenannten Neuen Reiches (18. Dynastie). Die kleinen Staaten Syriens und Palästinas waren zumeist ägyptische Vasallen, mochte ihre Gefügigkeit unter dem wenig energischen Echnaton auch oft viel zu wünschen übrig lassen. Die von Ägypten weiter entfernten größeren Staaten Vorderasiens wurden nach außen hin als gleichberechtigt anerkannt: der Pharao redete deren Könige in Briefen als „Bruder“ an und ließ sich die gleiche Anrede gefallen. Der Briefwechsel mit Babylonien zeigt aber, daß der Pharao gleichwohl den meisten seiner „Brüder“ gegenüber den Abstand zu wahren wußte. Er ließ sich zwar gern herab, Prinzessinnen aus anderen Ländern und auch Babylonien in seinen Harem zu nehmen und dafür auch etwas von dem so begehrten Gold zu senden, er dachte aber nicht daran, die Wünsche des Babyloniers nach einer ägyptischen Prinzessin zu erfüllen. So schrieb der König von Babylon mit dem noch kassitischen Namen Kadaschman-Charbe an Amenophis III. (1400 bis 1363) voller Empörung: „Nun bist du mein Bruder, wie konntest du mir schreiben, daß du nicht geben willst? Als ich dir schrieb, daß ich deine Tochter heiraten möchte, schriebst du also: ‚Seit alters her wird niemandem eine Tochter des ägyptischen Königs gegeben.‘ Warum sagst du so? Du bist König, kannst nach deinem Belieben handeln. Wenn du geben wolltest, wer dürfte etwas (dagegen) sagen? Als man mir dieses sagte, schrieb ich meinem Bruder so: ‚Erwachsene Töchter, schöne Frauen sind vorhanden. Schicke doch eine schöne Frau, gleich als ob sie deine Tochter wäre! Wer will dann behaupten, das ist keine Königstochter?!‘ Trotzdem hast du, weil du nicht schicken wolltest, nicht geschickt! Suchtest du denn nicht Bruderschaft und Freundschaft, als du mir wegen einer Heirat schriebst, damit wir einander näher kämen? In eben dieser Absicht ... schrieb ich dir wegen der Heirat. Warum sandte mir mein Bruder keine Frau? Soll ich vielleicht, wo du mir keine Frau schickst, auch für dich die Frau zurückhalten und wie du nicht schicken? (Nein,) meine Töchter sind da, ich werde sie dir nicht zurückhalten!“ Kadaschman-Charbe äußert dann weiter noch Wünsche bezüglich der Übersendung von Tieren (wegen einer Textlücke ist nicht klar, ob er lebende Tiere oder Tierfiguren meint) und kommt dann auf das Gold zu sprechen: „Und nun zum Gold, wegen dessen ich dir schrieb: Viel Gold, soviel wie da ist, schicke mir noch vor deinem Gesandten! Schicke es mir eiligst noch in diesem Sommer, damit ich die Bauarbeit, die ich unternahm, durchführen kann! Schickst du mir noch in diesem Sommer das Gold, wegen dessen ich dir schrieb, so gebe ich dir meine Tochter, und du schicke mir freiwillig Gold, soviel du magst. Solltest du mir aber in den Sommermonaten das Gold nicht schicken, so daß ich die Arbeit, die ich unternahm, nicht durchführen kann, weshalb solltest du mir dann noch freiwillig etwas schicken? Wenn ich die angefangene Arbeit durchgeführt habe, wozu sollte ich dann noch Gold wünschen? Du magst mir dann 3000 Talente (wohl etwa 90 000 kg!) Gold schicken, ich nehme das dann nicht an und schicke es dir zurück und gebe dir meine Tochter nicht zur Frau!“ Der Babylonier steigt hier wirklich recht tief herunter, wenn er bei seinem Betteln um eine Frau erklärt, daß er sogar mit einer als Prinzessin deklarierten Ägypterin nicht königlicher Herkunft zufrieden sein wolle! Und die etwas bockig klingenden Worte am Schluß hat der Pharao als Briefempfänger gewiß ebenso wenig als ein Zeugnis der Stärke werten können wie wir. Die Art, wie er ähnliche Beschwerden Kadaschman-Charbe's in seinen Briefen beantwortet, ist dementsprechend zwar leidlich höflich; im Grunde kanzelt er aber den ‚Bruder‘ doch manchmal recht von oben herab ab, obwohl der von Babylonien u. a. als Gegengabe gesandte Lapis Lazuli in Ägypten durchaus geschätzt war. Wenn wir den Babylonierkönigen glauben dürfen, schickten die Ägypter bisweilen sogar recht minderwertige Legierungen unter der Bezeichnung Gold, was ganz gewiß kein großer Achtungsbeweis war. Trotzdem wurde der bei allen großen und kleinen Beschwerden an Freundschaftsbeteuerungen reiche Briefwechsel nicht abgebrochen, und die Gesandten müssen, nach erhaltenen Geschenklisten zu schließen, bisweilen von ganzen Karawanen mit Geschenken begleitet worden sein. Der Ton der erhaltenen Briefe des Burnaburiasch II. (etwa 1365 bis 1345) unterscheidet sich nicht wesentlich von dem der Briefe seines Großvaters Kadaschman-Charbe I., war nur noch etwas wehleidiger in den Klagen — etwa darüber, daß der Pharao ihm bei einer längeren Erkrankung keine Trostbriefe geschickt habe. Allerdings hatte Burnaburiasch außer der Sorge um richtige Ankunft der Goldsendungen auch noch eine andere und etwas ernsthaftere: Assur, das bis dahin eine gewisse Oberhoheit der Kassitenkönige anscheinend anerkannt hatte, machte sich selbständig und nahm zur Empörung des Burnaburiasch mit Ägypten unmittelbaren diplomatischen Verkehr auf. Was war da vorgegangen?

Wir hatten gehört, daß von dem Reich des Schamschi-Adad I. unter der langen Regierung von dessen Sohn Ischme-Dagan I. nicht mehr viel übrig geblieben war (s. S. 34, 46); nach dem Tode dieses Königs, der sich wenigstens in kleinen Teilen des Landes immer noch mit Zähigkeit behauptet hatte, kam bald der völlige Zusammenbruch und das Ende der Dynastie des Schamschi-Adad. Wir kennen die Vorgänge, die den Zusammenbruch herbeiführten, nicht, dürfen aber vermuten, daß die entscheidende Ursache ein Angriff von außen war; wir werden ihn den Churritern zuschreiben dürfen, die dem Zimrilim in Nordmesopotamien schon einige Jahrzehnte früher zu schaffen gemacht hatten (s. S. 36). Die Churriter sprachen eine heute wenigstens ihrem Bau nach einigermaßen durchsichtige Sprache, die mit der Sprache des vorarmenischen Reichs von Urartu in Ostkleinasien (s. S. 90) und einigen modernen Kaukasussprachen verwandt ist. Sie wurde meist mit babylonischer Keilschrift, nach 1500 aber gelegentlich auch mit einer phönikischen Buchstabenkeilschrift, dem Alphabet von Ugarit (s. S. 38), geschrieben. Die Herkunft der Churriter ist noch unbekannt; Teile von ihnen müssen aber schon um 2200 in den wilden Gebirgen des nordwestlichen Iran gesiedelt und gelegentlich auf das Osttigrisland übergegriffen haben. Bald nach 1700 müssen sie erneut in Bewegung geraten sein; den Anstoß dafür wie für das bald danach einsetzende Vordringen der Kassiten nach Babylonien (S. 58) gaben gewiß Völkerbewegungen, die durch das Eindringen der indogermanischen Indoiranier (Arier) nach Südturkestan und in die indoiranischen Grenzgebiete ausgelöst worden waren. Die Churriter wurden dadurch nach Westen abgedrängt und besetzten offenbar große Teile des östlichen Kleinasien, in denen sie später teilweise unter die Herrschaft des Hethiterreichs mit der Hauptstadt Hattusas (150 km ostwärts Ankara) gerieten, sowie den Norden Mesopotamiens und später auch Syriens. Auch Assyrien muß damals von ihnen unterworfen worden sein; sie ließen aber in Assur und vielleicht auch anderen Städten semitisch-assyrische Stadtfürsten regieren, die jedoch mindestens 250 Jahre lang völlig abhängig blieben. Seit dem 16. Jahrhundert treffen wir als Fürsten churritischer Staaten öfter arische Dynasten, die sich auf eine mit pferdebespannten Streitwagen kämpfende arische Adelsschicht stützten; sie müssen zu abgesprengten Gruppen der Indoiranier gehört haben. Nach 1400 gab es solche arischen Dynasten sogar in Südsyrien und Palästina, wo sie mehr semitische als churritische Untertanen hatten.

Im 15. Jahrhundert faßte eine arische Dynastie die Churriter von den iranischen Randgebirgen bis nach Syrien in einem größeren Reich zusammen, das *Mitanni* genannt wurde (Hauptstadt Waschukanni etwa 80 km südwestlich von Mardin); Assyrien war ein Teil davon. Mit Ägypten hatte Mitanni in Syrien viel zu kämpfen; unter Tuschratta (etwa 1390 bis 1360) waren die Beziehungen aber freundlicher. Wir kennen aus dem Archiv von el-Amarna Geschenklisten und lange Briefe Tuschrattas an Amenophis III. und Echnaton, in denen die Themen Gold und Heirat wieder eine beherrschende Rolle spielen. Nach dem Tode Tuschrattas griffen die Hethiter unter Suppiluliuma (1376 bis 1338) Mitanni an und brachten den Westen des Reiches unter ihre Botmäßigkeit. Im Osten des Reiches benutzte nun Assur unter dem energischen Assur-uballit I. (1356 bis 1320) die Gelegenheit, sich wieder ganz selbständig zu machen und die östlichen Teile des Reiches großenteils unter seine Herrschaft zu bringen. Es konnte das wohl ohne Schwierigkeiten tun, weil es schon einige Zeit vorher als Grenzgebiet zwischen Mitanni und Babylonien eine etwas freiere Stellung erlangt und je nach der Lage einmal Mitanni und einmal Babylon als Oberherrn anerkannt hatte. Assur-uballit wurde damit zum Wiederbegründer des assyrischen Reiches, mag es zu seiner Zeit auch wenig mehr als Assyrien selbst umfaßt haben. Immerhin konnte er, wie schon erwähnt, trotz babylonischen Protestes diplomatische Beziehungen mit Ägypten aufnehmen und dort in der üblichen Weise um Gold bitten: „Ist das (frühere) Geschenk eines großen Königs würdig? Gold ist in deinem Lande wie Staub; man muß es nur auflesen; warum kannst du dein Auge (trotzdem) nicht davon lassen? Ich bin beim Bau eines neuen Palastes; schicke mir Gold für die Wandverkleidung und andere Bedürfnisse!" Burnaburiasch von Babylon hielt es daher auch bald für klüger, sich mit dem erstarkten nördlichen Nachbarn gut zu stellen und dessen Tochter zu heiraten. Als deren Sohn nach dem Tode des Burnaburiasch einer Palastrevolte in Babylon zum Opfer fiel, war Assur-uballit schon stark genug, um persönlich in Babylon einzugreifen und einen ihm genehmen König einzusetzen.

An dieser Stelle schon müssen wir auf einen eigentümlichen Widerspruch hinweisen, der die assyrische Politik von nun an durchziehen wird. Die Assyrer waren überzeugt, daß ihrem Gott Assur die Weltherrschaft zukam und daß sie daher nicht nur das Recht, sondern sogar die Pflicht hätten, die Völker mit allen Mitteln zur Anerkennung dieser Weltherrschaft zu zwingen; Auflehnung dagegen war eine Verletzung der göttlichen Rechtsordnung, die auch der Sonnengott Schamasch als Gott des Rechts (s. S. 48) besonders schützte. Dementsprechend war ihre Kampfführung stets sehr hart, oft genug grausam und brutal, wie wir noch mehrfach sehen werden. Wurde einmal Rücksicht genommen, war das ein Zeichen der Schwäche, oder es hatte einen besonderen Grund. Nur die Kampfführung gegen Babylonien war in der Regel von anderer Art. Hier wurde zumeist auf den Versuch einer Einverleibung des Landes auch dann verzichtet, wenn der Sieg die Möglichkeit dazu gegeben hätte. Fast immer begnügen sich die Könige damit, wie Assur-uballit einen anderen, ihnen genehmeren Herrscher in Babylon einzusetzen und Babylonien durch neue Verträge zu binden, die auf die nationale Empfindlichkeit der Babylonier weitgehend Rücksicht nahmen; von einzelnen Ausnahmen werden wir noch hören. Wie erklärt sich dieses Verhalten der politisch sonst so folgerichtig handelnden Könige von Assur?

Die meisten Völker, mit denen die Assyrer kämpften, waren ihnen kulturell unterlegen oder jedenfalls nicht überlegen; nur den Babyloniern gegenüber kamen sie von dem Gefühl, nicht auf gleicher Kulturstufe zu stehen, nicht los und waren sich außerdem bewußt, daß ihre eigene Kultur in sehr vielem von der Babyloniens abhängig war. Es erschien ihnen offenbar als eine Lebensfrage, mit dem nicht geliebten, aber doch bewunderten südlichen Nachbarn in lebendiger Berührung zu bleiben. Dabei fiel besonders ins Gewicht, daß ihre Religion trotz mancher Verschiedenheiten als mit der Babyloniens identisch empfunden wurde. Alle babylonischen Götter wurden auch in Assyrien verehrt, nur daß dort Assur und einige andere Gottheiten noch dazu kamen. Im Kriegsfall war die Zerstörung einer babylonischen Stadt mit ihrem Tempel infolgedessen etwas ganz anderes als etwa die Zerstörung einer Stadt Syriens oder Armeniens. Die Zerstörung eines babylonischen Tempels empfanden auch viele Assyrer als Sakrileg, und die Babylonier sorgten dafür, daß diese Empfindung und das kulturelle Abhängigkeitsgefühl immer lebendig blieben. Es waren also irrationale Gründe, die die sonst so nüchternen Assyrer zu der merkwürdigen Unsicherheit ihrer Politik Babylon gegenüber führten. Die Geschichte kennt ja viele Beispiele für ein ähnliches sich Eindrängen irrationaler Momente in eine sonst durchaus von rationalen Zweckmäßigkeitsgedanken beherrschte Politik.

Das Bestreben, geistig den Anschluß an Babylon nicht zu verlieren, fand, wenn wir recht sehen, gerade seit der Zeit Assur-uballit's I. noch in anderen Dingen einen beredten Ausdruck. Die Babylonier hatten Assyrien seit jeher Subartu genannt und dachten dabei an ein Gebiet, dem sie vor allem kulturell durchaus nicht gleichen Rang zuerkannten. Da Assyrien lange zu Mitanni gehörte, scheint der Name Subartu dann auch für das Mitanni-Reich gebraucht worden zu sein. Assur-uballit verwendet nun auf seinem Siegel erstmalig die Bezeichnung Assur-Land für sein Land, woraus später die griechische Form Assyrien entstand, und nannte mit dem etwas abschätzig klingenden Namen Subartu ein vorläufig noch nicht unterworfenes Restgebiet des Mitanni-Staates im südlichsten Armenien und Nordmesopotamien. So wanderte der Name Subartu nach Westen ab, wie im Mittelalter Namen wie Sachsen, Burgund u. a. m. wanderten; der griechische Name Syrien ist später daraus entstanden. Außerdem gebrauchte schon Assur-uballit in seinen Inschriften nur noch selten den assyrischen Dialekt des Akkadischen. Wie die meisten Könige Assyriens nach ihm bevorzugte er im allgemeinen das als feiner geltende Babylonische, mochte dieses in Assyrien auch immer etwas assyrisch gefärbt sein. Schließlich setzte vielleicht schon unter ihm das Bemühen ein, möglichst die gesamte babylonische Literatur durch Abschreiben in Assyrien heimisch zu machen. Die Zeit von etwa 1350 bis 1100 muß zunächst in Babylonien, später aber auch in Assyrien geistig ganz besonders lebendig gewesen sein. Man sammelte die gesamte ältere Überlieferung, sichtete sie nach theologischen und anderen Gesichtspunkten und überlieferte sie so in neuer, stark systematisierter Form weiter, zusammen mit zahlreichen neuen Werken. Zumal viele Werke der religiösen Literatur, Epen, Gebete und anderes, wurden in dieser Zeit neu geschaffen oder unter Benutzung älterer Werke in neue, nunmehr als verbindlich (kanonisch) geltende Form gebracht. So dürfte das Epos von dem mythischen Halbgott und Helden Gilgamesch etwa um 1200 in einer Neudichtung seine reifste Gestalt gefunden haben. Die Könige müssen diese Arbeit in Babylonien wie in Assyrien großzügig gefördert haben. Eine Literatur in assyrischer Sprache entwickelte sich hingegen nur auf ganz wenigen Gebieten; u. a. schrieb man seit etwa 1350 kleinere Gesetzes werke auf Assyrisch nieder, die eine im Vergleich mit den Gesetzen Hammurabis und des Alten Testaments besonders barbarische Strafpraxis und eine sehr niedrige Stellung der Frau bezeugen. Für den harten und brutalen Charakter des assyrischen Staates ist beides sehr kennzeichnend. Die von Babylonien abweichende, viel stärker agrarische Struktur Assyriens und die in mancher Hinsicht herrschende Stellung des Landadels, der Assyrien die Offiziere seiner Armee stellte, finden in diesen Gesetzen und anderen Urkunden ebenfalls ihren Ausdruck. Offenbar blieb in der Sozialstruktur Assyriens das Erbe des Mitanni-Reiches, das stark lehnsstaatlich aufgebaut war, noch lange lebendig.

Nachdem wir so ganz kurz einige Grundtatsachen aufgezeigt haben, ohne deren Kenntnis wesentliche Triebkräfte in der Geschichte Assyriens unverständlich bleiben müssen, kehren wir nun wieder zur Betrachtung der einzelnen Herrschergestalten zurück. Das Werk Assur-uballit's I. wurde mit wechselnden Erfolgen von seinen Nachfolgern weiter ausgebaut, besonders unter seinem Urenkel Adad-narari I. (1297 bis 1265) und dessen Sohn Salmanassar I. (1265 bis 1235). Diese unternahmen zahlreiche Vorstöße in die östlichen und nördlichen Randgebirge Assyriens, bemühten sich aber vor allem um die Gewinnung Mesopotamiens. In Mesopotamien hatten sie es nunmehr nicht nur mit den Reststaaten des Mitannireichs zu tun, an deren Spitze uns auch jetzt noch Herrscher mit arischen Namen begegnen, sondern in zunehmendem Maße auch mit einem ganz neuen Faktor, der auf die Geschichte der kommenden Jahrhunderte einen ganz starken Einfluß gewinnen sollte. Nach einigen Jahrhunderten der Ruhe war nämlich die arabische Wüste erneut in Bewegung geraten und ließ wie zur Zeit der kanaanäischen Staatenbildungen nach 2000 wieder semitische Beduinenschwärme gegen das Kulturland im Westen, Norden und Osten hervorbrechen. Da die Euphratgrenze zwischen Babylonien und Syrien seit dem Zusammenbruch des Mitannireichs besonders schlecht gesichert war, drangen diese, später Aramäer genannten Stämme vor allem nach Mesopotamien ein und gründeten dort, wie früher die Kanaanäer, kleine, meist wenig festgefügte Staaten, von denen dann die üblichen Razzien und Beutezüge ausgingen. Bald kam es zu Zusammenstößen mit Assyrien, und Assyrien reagierte seiner Art entsprechend nicht nur defensiv, sondern offensiv, indem es sich bemühte, die Ausgangspunkte der Razzien in seine Gewalt zu bekommen. Die Erfolge waren aber auch unter starken Königen wenig befriedigend, da die Beduinen wie zu allen Zeiten großen Schlachten nach Möglichkeit auswichen, sich vor den assyrischen Heeren zurückzogen und nach deren Abzug wiederkamen oder, falls das in bestimmten Gegenden verhindert wurde, den nächsten Herrscherwechsel zur Wiedergewinnung verlorener Gebiete benutzten. Da bei solchen Gelegenheiten assyrische Restbesatzungen sicher oft niedergemacht wurden, folgten so bald wie möglich Strafaktionen, die nicht selten in blutige Metzeleien ausarteten. So hat sich die Härte und Brutalität der assyrischen Kriegführung gerade in den Kämpfen mit den nach Herkunft und Sprache verwandten Aramäern entwickelt.

Während nun die babylonischen Könige über ihre Kämpfe nur selten ausführlicher berichteten, weit öfter über sie ganz schwiegen oder in ihren Bauinschriften nur ganz summarische Hinweise ohne Einzelheiten gaben, haben die Assyrer den Kriegsbericht immer mehr zu einer eigenen Literaturgattung entwickelt. Selbstverständlich erzählen sie nur ihre Siege oder solche Aktionen, die sich mit einigem Geschick als siegreich hinstellen ließen, wobei die Zahlen und der Umfang der besetzten Gebiete sicher oft kräftig übertrieben werden. Der Stil der Erzählung ist trotz der immer gleich bleibenden Ruhmredigkeit bei den einzelnen Königen nicht unerheblich verschieden; der Umfang der Berichte nimmt mit dem Wachstum des Reiches immer mehr zu. Noch nicht weit zurückliegende Feldzüge werden, oft mit dramatischer Schilderung schwieriger Lagen vor dem Sieg, ausführlicher beschrieben als die Ereignisse früherer Jahre; die Schwierigkeiten des zu überwindenden Geländes werden Lesern und Hörern lebendig vor Augen gestellt. So schreibt zum Beispiel Salmanassar I. über seinen Sieg über den Mitanni-Nachfolgestaat Chanigalbat in den Südausläufern der armenischen Gebirge: „Als ich auf den Befehl der großen Götter in der gewaltigen Kraft meines Herrn Assur nach Chanigalbat zog, bahnte ich enge Pfade und schwierige Übergänge. Satwara, der König von Chanigalbat, zog Heere der Hethiter und Achlame (d. h. Aramäer) auf seine Seite und besetzte meine Übergänge und Wasserstellen. Angesichts des Durstes und der Erschöpfung meiner Truppen erhoben sie sich mit der Masse ihrer Truppen ganz gewaltig. Trotzdem kämpfte ich und brachte ihnen eine Niederlage bei. Die aufgelösten Gruppen ihrer weitausgedehnten Truppen tötete ich ohne Zahl, jagte ihn selbst mit der Spitze der Pfeile gen Sonnenuntergang, erschlug geschlossene Verbände, warf 14400 lebend zu Boden und führte sie in Gefangenschaft. 9 starke Städte und seine Hauptstadt eroberte ich und legte 180 Ortschaften in Schutt und Asche. Die Heere der hethitischen und aramäischen Verbündeten metzelte ich wie Schafe hin.“ Die assyrischen Hörer begeisterten sich an solchen Schilderungen.

Mit Babylonien hatte Salmanassar I. wie seine Vorgänger zu kämpfen, begnügte sich aber wie sie offenbar mit Grenzkorrekturen. Das wurde unter seinem Sohn und Nachfolger Tukulti-Ninurta I. (1235 bis 1198) anders. Unter ihm erreicht die Macht Assurs ihren ersten Höhepunkt, an den man sich noch nach Jahrhunderten erinnerte; sogar die Griechen kannten den König unter dem abgekürzten Namen Ninos und erzählten märchenhafte Geschichten von ihm. Schon in seinem ersten Jahr zog er nach Syrien und deportierte von dort 28 800 Männer nach Assyrien, eine Art der Pazifizierungspolitik, die die Assyrer später noch in weit größerem Umfang übten; sie gewannen dadurch für ihr Land nicht nur Soldaten und Sklaven, sondern auch geschickte Handwerker aller Art. Später kämpft auch Tukulti-Ninurta oft mit den Aramäern und den Gebirgsvölkern im Norden und Osten; er rühmt sich, für diese Kämpfe Straßen in den steilen Gebirgen ausgebaut zu haben. Eine ganz andere Politik als seine Vorgänger verfolgte er aber in Babylonien. Hier ging er ohne Rücksicht auf die Einstellung weiter Kreise seines Volkes aufs Ganze und fand Gründe, um nach Wegnahme der nördlichen Randprovinzen in Babylonien selbst einzufallen und nach einer siegreichen Schlacht Babylon und ganz Babylonien zu besetzen; sogar die Bahrein-Inseln und Teile Ostarabiens mußten sich ihm unterwerfen. Den kassitischen König von Babylon führte er gefesselt nach Assur und machte sich selbst zum „König von Sumer und Akkad", also ganz Babylonien; er ließ sich dort durch einen Vizekönig vertreten. Nach $1^1/_2$ Jahren fanden die Babylonier eine Gelegenheit, diesen Vizekönig mit Hilfe der Elamier wieder zu vertreiben, zogen damit aber eine Strafexpedition Tukulti-Ninurtas auf sich, die mit einem großen Blutbad in Babylon, der Zerstörung von Teilen der Stadt und der Ausplünderung des Haupttempels endete. Das Kultbild des Gottes Marduk schleppte der König nach Assyrien und meinte, damit dem Gott von Babylon einen neuen Wohnsitz anweisen und ihn zum Schutzherrn von Assyrien machen zu können. Mit allen Babyloniern empfanden dies auch viele Assyrer empört als einen schweren Frevel.

Wir wissen von diesen Kämpfen mit Babylonien nicht nur aus den Inschriften des Königs und einer späteren, vom babylonischen Standpunkt aus verfaßten Chronik, sondern auch aus einem vermutlich noch zu Lebzeiten Tukulti-Ninurtas, möglicherweise sogar in seinem Auftrag verfaßten Epos. In der babylonischen Literatur hatte dieses Epos, soweit wir wissen, keine unmittelbaren Vorbilder; denn die älteren Epen behandeln fast alle mythische Stoffe, und die Sagenberichte von den Taten der Großkönige von Akkade (s. S. 15), etwa aus der Zeit Hammurabis, sind auch nur zum Teil vergleichbar. Das leider nur sehr lückenhaft erhaltene und wegen seiner dichterischen Sprache schwer verständliche Epos erzählt nach einer Einleitung über andere Taten des Königs vor allem dessen ersten Feldzug nach Babylonien mit der Entscheidungsschlacht gegen den Kassitenkönig Kaschtiliasch III. Ähnlich den Epen Homers schildert es die Kampfbegeisterung der Assyrer, indem es einen Offizier dem König vor der Schlacht eine längere anfeuernde Rede halten läßt, in der es u. a. heißt: „Herr, seit dem Beginn deiner Regierung . . . ist Kampf und Mühsal ein Fest für uns, unsere Freude die Schlacht . . . Unter dem Zeichen deiner guten Herrschaft sind wir Männer geworden; unter deiner königlichen Regierung konnte kein König gegen dich ankommen. Mit deinem grimmen Szepter triebst du nach den vier Winden auseinander alle Weltteile . . . Es kennen dein Kriegertum die Könige, scheuen daher immer wieder den Kampf gegen dich. . . . Jetzt stürze dich auf den Kassitenkönig, zerstreue, ehe er es erwartet, seinen Heerbann; setze die Scharen, die er aufgestellt hat, in Schrecken, zermalme die Weltufer! . . . Wir wollen herangehen . . . , es lebe, wer voran geht, es sterbe, wer zurückbleibt! . . .“ Dann wird erzählt, wie die acht größten Götter dem König zur Seite gehen: „Voran ging Assur, blies auf die Feinde ein niederwalzendes Feuer . . . Anu wandte die schonungslose Gotteswaffe gegen die Übeltäter. Der strahlende Mondgott Sin legte Kampfeslähmung auf sie . . . Der Sonnengott Schamasch, der Herr des Gerichts, verfinsterte die Augen der Truppen von Sumer und Akkad, der kriegerische Ninurta . . . zerbrach ihre Waffen, und Ischtar schlug die Trommel und machte dadurch deren Krieger wahnsinnig.“ Die assyrischen Krieger geraten hierdurch in einen wahren Kampfesrausch: „Feurig voll Wut sind sie, wie der Sturmgott gewandelten Wesens, sie stürmen im Grimm ins Getümmel ohne Obergewand . . . Es tanzten im verderblichen Waffenspiel die kriegsgewaltigen Mannen . . .“ Im weiteren Verlauf sendet Tukulti-Ninurta seinem Gegner Kaschtiliasch eine herausfordernde Botschaft, auf die dieser in Erwartung von Verstärkungen zunächst ausweichend reagiert. Eine weitere Botschaft Tukulti-Ninurtas, die Babylon Vertragsbruch vorwirft, löst bei Kaschtiliasch — nach unserem Dichter — schwere Selbstvorwürfe aus: „Ich hörte voll Mißachtung den Gesandten des Assyrers nicht . . . , habe ihm im Guten nicht gewillfahrt. Jetzt sind die Frevel meines Landes übergroß geworden, viel seine Sünden; eine Strafe ohne Rettung hat mich niedergeworfen, in Banden hält mich der Tod." In ähnlicher Weise gehen die Selbstbezichtigungen wegen Verletzung der religiösen Pflichten noch lange weiter. Nach einer Lücke folgt ein Gebet Tukulti-Ninurtas um Sieg, in dem er auf seine und seiner Väter Verdienste und Rechtlichkeit ausgiebig hinweist und auf die Auseinandersetzungen zwischen Assur und Babylon in den letzten hundert Jahren zurückblickt. Die Schilderung der Schlacht selbst ist nicht mehr erhalten, und wir wissen nicht, wie die Dichtung ausklang.

Dieses Epos ist für den Geist der Assyrer kennzeichnend wie wenige andere Literaturwerke. In ihm findet auf der einen Seite eine männliche Kampfesfreude Ausdruck, die auch andere epische Dichtungen dieser Zeit wie das Gilgameschepos auffällig stark beherrscht. Die Freude am Kampf ist aber nicht ganz unbefangen, sondern sucht nach Rechtfertigung. Sie findet diese Rechtfertigung im Verlangen der Götter, dem Recht auf der Erde mit allen Mitteln Geltung zu schaffen. Man hält den Kampf unter diesen Umständen für Gottesdienst und steigert die Kampfesfreude bis zur wilden Raserei. Trotzdem bleibt Raum für die nüchterne politische Überlegung, und diese Überlegung hat vor allem ein Ziel, das zu allen Zeiten gleich bleibt: es gilt, dem Gegner die Kriegsschuld aufzuladen und ihn für alles aus dem Kriege entstehende Unheil verantwortlich zu machen. Der Krieg wird damit zur gottgewollten Strafaktion, deren Härte durch die Frevel des Feindes vollauf gerechtfertigt ist. Diese Einstellung war sicher allen assyrischen Erobererkönigen mehr oder weniger gemeinsam, mag sie auch nicht bei allen so klar zum Ausdruck kommen. Tukulti-Ninurta muß es in besonderem Maße verstanden haben, seine Soldaten zu begeistern, so daß er sie auch auf die sonst so gern gemiedenen Schlachtfelder Babyloniens führen konnte. Es hat ihm offenbar auch nicht am klaren Blick für das außenpolitisch Erreichbare gefehlt; er hat sicher gewußt, warum er weder Elam noch Syrien oder Kleinasien angriff. Daß er Babylonien genau wie andere, nicht zur Unterwerfung unter Assur bereite Völker behandelte und auf das alte Kulturland nach dem Aufstand gegen seinen Vizekönig überhaupt keine Rücksicht mehr nahm, mußte bei nüchterner Überlegung eigentlich als folgerichtig erscheinen und hat auf viele seiner Offiziere gewiß einen gewaltigen Eindruck gemacht. Trotzdem zeigt gerade diese äußerste Folgerichtigkeit seine Grenzen als König und wohl auch als Mensch; wird darin doch ein empfindlicher Mangel an Gefühl für das Unwägbare in der Politik sichtbar. Es scheint, daß Tukulti-Ninurta vor allem das Gewicht der religiösen Überzeugungen auch bei seinen Assyrern unterschätzt hat. Das äußerte sich einmal in der schon erwähnten Wegführung der Mardukstatue aus dem ausgeplünderten Tempel von Babylon; er übersah, daß Marduk vor allem als Helfer jedes Einzelnen gegen die von den Dämonen verursachten Krankheiten auch in Assyrien eine große Gemeinde hatte. Diese konnte sich nicht so leicht davon überzeugen, daß Marduk sich vom assyrischen König seinen Wohnsitz vorschreiben ließ. Eine ähnliche Unterschätzung des Glaubens hatte sich auch schon vorher bemerkbar gemacht, als der König sich aus Gründen, die unsere Quellen nicht klar erkennen lassen, entschlossen hatte, die alte Hauptstadt Assur zu verlassen und etwas oberhalb am anderen Ufer des Tigris eine ganz neue Hauptstadt anzulegen; wir dürfen vermuten, daß er sich in Assur infolge innerer Auseinandersetzungen nicht mehr sicher fühlte. Er baute in der nach seinem Namen Kar-Tukulti-Ninurta genannten neuen Stadt auch dem Reichsgott Assur einen großen Tempel. Obwohl der König die Bautätigkeit in Assur nicht vernachlässigte, mußte dieser das Ansehen des alten Assurtempels in Assur selbst schmälern. Man konnte auch hier darauf hinweisen, daß sich die Kultstätte eines Gottes nicht wie eine menschliche Wohnung oder auch ein Palast verlegen läßt. Diese mangelnde Rücksicht des Königs auf die religiösen Gefühle seiner Untertanen beweist noch nicht, daß er selbst dem ererbten Glauben entfremdet war. Hat er doch nicht nur dem Tempelbau, der zu seiner Zeit, wie es scheint, neue Formen suchte, vielleicht noch mehr Aufmerksamkeit zugewandt als seine Väter, sondern sich auch in Wort und Bild immer wieder als Diener der Götter bekannt. Er hat sich zum Beispiel vor dem Symbolsockel des Lichtgottes Nusku, des Wesiers Assurs, stehend und kniend als Beter in einer neuartigen Weise darstellen lassen (Abb. 15); das deutet vielleicht doch darauf hin, daß auch die religiösen Aussagen seiner Inschriften nicht nur herkömmliche Redensarten waren. Aus der im Laufe seiner Regierung offenbar zunehmenden Abneigung weiter Kreise gegen ihn können wir aber schließen, daß ihm das Gefühl für die richtige Behandlung seines Volkes, ohne das auch ein absoluter Herrscher nicht regieren kann, in wesentlichen Dingen abging.

Trotz aller äußeren Erfolge wurde der Haß gegen Tukulti-Ninurta gegen Ende seiner Regierung so stark, daß es wohl von Assur aus zu einem Aufstande kam, den sein eigener Sohn anführte. Ob zwischen diesem Aufstande und einer neuen, nunmehr erfolgreichen Empörung in Babylonien ein Zusammenhang bestand oder

Abb. 15. Symbolsockel aus Assur. Der König Tukulti-Ninurta I. (1235 bis 1198) stehend und kniend vor dem Symbol des Gottes Nusku.

nicht, können wir nicht sicher sagen. Dafür sprechen könnte ein großes Bittgebet Tukulti-Ninurta's an den Gott Assur, das ein gelehrter Dichter vielleicht in den letzten Jahren des Königs in sumerischer und akkadischer Sprache gedichtet hat; denn in ihm wird darüber geklagt, daß alle Länder trotz ihnen widerfahrener Wohltaten Assur und seine Ordnungen mißachteten. Von der triumphierenden Überheblichkeit der früheren Inschriften des Königs und des eben besprochenen Heldenepos ist in diesem Gebet nichts mehr zu spüren, ebenso wenig freilich von einem Schuldbewußtsein; er hält dem Gott vielmehr auch hier die reichlich dargebrachten Opfer vor und schreibt alle Schuld den Gegnern zu. Wie in den alten sumerischen Klagepsalmen werden alle Götter gebeten, Assur zu beschwichtigen; trotzdem blieb dem Gebet die Erhörung versagt. Tukulti-Ninurta wurde, wie eine babylonische Chronik berichtet, durch die von seinem Sohn geführten Aufständischen abgesetzt, in seiner neuen Hauptstadt eingeschlossen und nach Erstürmung seines Palastes ermordet. Die neue Hauptstadt wurde alsbald verlassen. Nicht nur in Babylon sah man in diesem Schicksal die Vergeltung Marduks für die Ausplünderung seines Tempels. Tatsächlich hat auch 500 Jahre lang kein assyrischer König mehr gewagt, sich am Tempel Marduks in Babylon zu vergreifen; erst Sanherib ging erneut den Weg Tukulti-Ninurtas, fand aber, wie wir noch sehen werden (S. 117f.), das gleiche schmähliche Ende.

7. Assurnassirpal I. lernt eigene Schuld erkennen

Die Ermordung Tukulti-Ninurta's I. 1198 führte alsbald den Zusammenbruch der Machtstellung Assurs herbei, da nicht nur Babylonien das assyrische Joch abschüttelte. Mochte sich Tukulti-Ninurta's Sohn Assur-nadin-apli (1198 bis 1194) auch noch „König der Könige, König aller Menschen" nennen, von irgendwelchen äußeren Erfolgen weiß seine Inschrift nichts zu berichten. Unter seinen Nachfolgern konnte sich sogar Babylonien ganz offen in innere Streitigkeiten Assyriens einmischen, und die Reste von zwei groben und zum Teil höhnischen Briefen babylonischer Könige an ihre assyrischen Kollegen zeigen, wie wenig Assur damals galt. Zum Glück für Assyrien wurde Babylonien selbst in dieser Zeit von einer neuen schweren Katastrophe heimgesucht, als etwa 1160 Schutruk-Nachunte von Elam dort einfiel und Babylon gründlich ausplünderte. Die Folge war, daß kurze Zeit darauf die Kassitendynastie enttront wurde und einer einheimischen Dynastie Platz machen mußte, die trotz gelegentlicher Schlappen das Übergewicht über Assyrien zu wahren wußte. Der bedeutendste König dieser Dynastie war *Nebukadrezar I.* (etwa 1130 bis 1110), der in Elam und Mesopotamien siegreich kämpfen und infolge dieser Siege, wie wir aus Urkunden erfahren, seine Getreuen fürstlich lohnen konnte. Leider reichen unsere Quellen nicht aus, um von ihm ein deutlicheres Bild zu gewinnen.

Wohl noch gegen Ende seiner Regierung war aber auch in Assyrien der Schwächezustand überwunden, und *Tiglatpilesar I.* (1116 bis 1077) konnte, auf die von seinem Vater erreichte innere Konsolidierung des Landes gestützt, an die Wiederherstellung des Reiches Tukulti-Ninurta's I. gehen. Er hatte damit fast überall vollen Erfolg und drang sogar als erster assyrischer König bis zum Mittelmeer vor. Bei der phönikischen Stadt Arwad unternahm er eine Seefahrt, auf der er eine große Robbe erlegte. Seine Erfolge auch in Südarmenien und gegen die Aramäerstaaten in Mesopotamien brachten ihn auch mit Babylonien in Konflikte, die er mit der Eroberung Nordbabyloniens schließlich siegreich beenden konnte. In Babylon ging der Königspalast in Flammen auf; an den Tempeln vergriff er sich aber nicht. Auf seinen Feldzügen und auch sonst fand Tiglatpilesar immer wieder Zeit, sich als leidenschaftlicher Jäger auf Großwild, vor allem Löwen, Wildstiere und Elefanten, zu betätigen; seit seiner Zeit wurde die Jagd eine der Hauptvergnügungen der assyrischen Könige, zu der sie sich ebenfalls durch die Götter gerufen glaubten. Besonders der Kriegs- und Lichtgott Ninurta wurde zum Schutzherrn der Jagd; die Erinnerung daran lebt noch im Alten Testament fort, das von einem großen Jäger der Vorzeit Nimrod berichtet. Durch die Bibel ist der Name Ninurta/Nimrod dann bis in unsere Tage lebendig geblieben. Einen Teil der erjagten Tiere hat Tiglatpilesar übrigens lebendig gefangen und in seine Hauptstadt gebracht, wo er sie zusammen mit von Ägypten geschenkten exotischen Tieren in einer Art Tierpark gefangen hielt. Trotz der zum Teil sehr ausführlichen Inschriften Tiglatpilesars — er hat als erster neben Ton- und Steintafeln auch große Tonprismen beschrieben — können wir uns von der Persönlichkeit dieses energischen und kriegerischen Königs noch kein rechtes Bild machen. Wir erkennen nur, daß er sich neben Krieg, Jagd und Bautätigkeit auch die Hebung des Wohlstandes seines Landes angelegen sein ließ, indem er der Landwirtschaft durch den Bau neuer Pflüge und anderes half, für den Anbau von Obstbäumen und Nutzhölzern sorgte und in allen Landesteilen eine nach einheitlichen Grundsätzen geordnete Verwaltung schuf. Er erkannte auch, wie wichtig die Pflege von Kunst, Wissenschaft und Literatur für sein Land war, und bemühte sich dementsprechend noch mehr als bisher, den großen Werken der babylonischen Literatur in Assyrien Eingang zu verschaffen. Es entwickelte sich nun eine eigene assyrische Schultradition, die nicht mehr in allem von Babylonien abhängig war. Tiglatpilesar war also ohne Zweifel ein sehr vielseitiger Herrscher, läßt aber vorläufig keine individuellen Züge erkennen, durch die hinter dem imponierenden Werk ein lebendiger Mensch sichtbar würde.

Unter seinen Söhnen, von denen sich, unterbrochen durch die zweijährige Regierung eines Enkels, drei auf dem Thron folgten, ging die Macht Assyriens rasch zurück; aber auch in Babylonien, das die assyrische Vormundschaft nun wieder abschüttelte, gab es keinen Herrscher von größerer Bedeutung, vielmehr zeugt der dort nach 1050 einsetzende häufige Dynastienwechsel für sehr wenig stabile Verhältnisse. Diese Zeit der Schwäche der Großmächte nutzten die immer noch in großen Scharen in Mesopotamien eindringenden Aramäer, um ihre Herrschaften dort und in Syrien zu konsolidieren. Noch weiter im Süden wurden Juda und Israel zeitweilig zu einem Reich vereinigt, das unter David (etwa 1002 bis 963) vom Roten Meer bis an den mittleren Euphrat reichte und den größeren Teil dieses Reiches auch noch unter Salomo (etwa 963 bis 925) behauptete. Nach etwa 1000 nutzten die Aramäer die Wirren in Babylonien aus, um auch dort nach und nach vorzudringen und zunächst das flache Land zu besetzen. Da sie noch in zahlreiche Stämme zerfielen, konnte eine politische Zusammenfassung des ganzen Landes in den nächsten Jahrhunderten nur vorübergehend gelingen. Auch Assyrien wurde von den Aramäern zeitweise offenbar schwer bedrängt, wenn die Quellen darüber auch verständlicherweise fast nichts sagen. Trotz des Verlustes nahezu aller Eroberungen konnte hier indessen das Stammland, wie es scheint, alle Angriffe abwehren und sogar gelegentlich auch einmal offensiv vorgehen; dauerhafte Erfolge wurden aber nicht erzielt. Unter den Königen dieser Zeit zieht bisher nur einer unsere Aufmerksamkeit auf sich, und auch er nicht durch äußere Erfolge; das ist Assurnassirpal I. (1052 bis 1033). Wir besitzen von ihm keine Königsinschrift im üblichen Sinne des Wortes und kennen auch keine Briefe oder Chronikangaben, die auf ihn Bezug haben. Dafür sind uns größere und kleinere Reste von drei Gebeten erhalten, die er an die von ihm offenbar besonders verehrte Göttin Ischtar gerichtet hat. Eines von diesen hat man noch 400 Jahre später für abschreibenswert gehalten. Was sagen sie uns?

Assurnassirpal war nicht von vornherein zur Herrschaft bestimmt. Er wurde als Sohn eines jüngeren Sohnes des großen Tiglatpilesar

„inmitten eines Gebirges, das niemand kennt,“ geboren. Wir wissen nicht, ob sein Vater Schamschi-Adad IV. damals als Statthalter in den unwirtlichen Grenzgebirgen waltete oder ob er sich vor seinen älteren Brüdern in ein unzugängliches Bergland hatte flüchten müssen. Später jedenfalls lebte der Vater als Verbannter in Babylonien, fand aber nach dem Tode seines älteren Bruders Assurbelkala (1076 bis 1058) eine Gelegenheit, seinen Neffen Eriba-Adad II. nach nur zweijähriger Regierung vom Thron zu stoßen und selbst König zu werden. Er erfreute sich aber nur vier Jahre der angemaßten Herrschaft und hinterließ Assyrien seinem Sohn Assurnassirpal in anscheinend ziemlich traurigem Zustand; denn dieser berichtet von verfallenen Tempeln und umgestürzten Götterbildern, deren Wiederherstellung er sich als vordringliche Aufgabe stellen mußte. In seinen Gebeten preist er die Ischtar, daß sie ihn als Herrscher begehrt und ihm das Hirtenamt in ihrem Lande geschenkt habe. Assurnassirpal erwies seine Dankbarkeit durch Opfergaben und Weihgeschenke, aber das alles konnte nicht verhüten, daß er schwer krank wurde oder daß sich eine alte Krankheit sehr verschlimmerte. Er schildert sie in einem leider schlecht erhaltenen Teil seines Klagegebets mit ihren Folgen sehr ausführlich: „An die Mahlzeit, die ich zu mir nehmen soll, gehe ich nicht heran ..., der edelste, lebenschenkende Trank wurde mir zu etwas Stinkendem, für Saitenspiel und Klang ... bin ich unzugänglich geworden ... Meine Augen haben wohl ihre Farben, können aber ... nicht unterscheiden.“ Natürlich fragt der König, warum ihm dieses widerfährt: „Wodurch habe ich dich vernachlässigt, daß du mich der Krankheit überantwortet hast? ... Wie einem, der deine Gottheit nicht fürchtet, geht es mir!“ Er zählt seine schon erwähnten Verdienste auf, bleibt aber bei der Selbstrechtfertigung doch nicht ganz stehen. Er muß im Rückblick auf seine Jugend gestehen: „Nicht dachte ich an deine Herrschaft, betete nicht dauernd; die Menschen Assyriens wußten nicht Bescheid, wandten sich nicht immer an deine Gottheit“. Er bestreitet auch spätere Versündigungen nicht, wenn er auch angesichts seiner Leiden glaubt sagen zu dürfen: „Wie hätte ich nicht in Sünde und Frevel fallen sollen!“ So muß er als König ebenso, wie es andere Menschen in Babylonien und Assyrien nach Ausweis der zahlreichen Bußgebete taten, die Göttin nicht nur um Befreiung von der Krankheit bitten, sondern auch um Sündenlösung: „Blicke mich an, Herrin, daß ich deine Entscheidung anbeten kann! Die du zürntest, erbarme dich, daß sich dein Gemüt besänftige! Auf Schonung steht dein Sinn. Mag es mir auch Schmerz bereiten, so treib doch meine Krankheit aus, mach meine Sünde unwirksam; aus deinem Munde, o Herrin, möge Linderung für mich herabkommen. Habe Erbarmen mit dem Stadtfürsten, der (trotzdem) unabänderlich ständig von dir begünstigt ist, vertreibe seine Schlaflosigkeit; lege für ihn bei dem von dir geliebten Göttervater, dem Krieger Assur, Fürsprache ein! Dann will ich für alle Zukunft deine Gottheit preisen, deinen Namen unter den Göttern von Himmel und Erde hoch erheben!"

Wir kennen gewiß babylonische Gebete mit schonungsloserem Schuldbekenntnis und tieferer Sündenerkenntnis, als sie hier sichtbar werden; aber es ist doch nicht ohne Bedeutung, daß ein König aus einer alten, ruhmreichen Dynastie als kranker Mann einmal von dem hohen Kothurn des Selbstruhms herabsteigt und seine Priester beauftragt, ihm Bußgebete für seinen persönlichen Gebrauch zu dichten, die vermutlich im Rahmen von Bußriten, bei denen auch andere zugegen waren, gesprochen wurden. Wir sehen daraus, daß der assyrische König auch als „Liebling" der Götter ein Mensch blieb, der wie alle anderen die göttlichen Forderungen zu erfüllen hatte und sich bei sündhaftem Versagen vor dem Gott demütigen und um Befreiung von den als Strafe verhängten Leiden bitten mußte. Er wurde nie gottgleich. Wir wissen, daß auch Könige, die weitaus größere politische Erfolge hatten als Assurnassirpal I., bisweilen als „hochbetrübte, aufgescheuchte, demütige Knechte" zu ihren Göttern beten mußten.

8. Assurnassirpal II., brutaler Eroberer und Förderer der Kunst

Das Assyrien, das Assurnassirpal I. hinterließ, war gewiß alles andere als ein durch seine Macht imponierender Staat. Unter den Nachfolgern des Königs, von denen wir wenig mehr als Namen und Regierungszeiten kennen, wurde die äußere Lage eher schlechter als besser, wenn auch die Weiterverwendung einer anspruchsvollen Titulatur zeigt, daß die Könige sich damit nicht abfanden. Noch die Kriege Assurdâns II. (933 bis 910), von dem wir erstmalig wieder etwas mehr wissen, waren im wesentlichen Verteidigungskämpfe unmittelbar an den Grenzen Assyriens; denn diese wurden nicht nur, wie schon erwähnt, durch die Aramäer bedroht, sondern außerdem auch im Osten durch vermutlich unter dem Druck der indogermanischen Meder neu in Bewegung gekommene Völkerschaften der iranischen Randgebirge. Sprachlich fällt an Assurdâns Inschriften wie an denen seiner Nachfolger auf, daß sie nicht mehr in einem assyrisch gefärbten Babylonisch, sondern in assyrischer, freilich mit babylonischen Wörtern und Formen durchsetzter Sprache geschrieben sind; die Könige sind jetzt also offenbar gewillt, die kulturelle Eigenständigkeit Assyriens gegenüber Babylonien stärker zu betonen. Unter Assurdâns Nachfolgern Adadnirari II. (910 bis 889) und Tukulti-Ninurta II. (889 bis 884) — schon in der Wahl der altberühmten Namen liegt ein Programm! — wird Assyrien wieder offensiv, wenn auch zunächst noch in sehr bescheidenem Rahmen. Die Könige bemühen sich, wenigstens das östliche Mesopotamien bis zum Chabur und einige Grenzgebiete Südarmeniens sowie des nördlichsten Babylonien dem Reich wieder anzugliedern. Sie erzählen uns davon in Annalen, die in einem besonders trockenen und einförmigen Stil abgefaßt sind, der sich von dem der früheren wie der späteren Inschriften auffällig unterscheidet. Wir erfahren aus diesen nebenbei, daß damals mehrfach Hungersnöte zu Auswanderungen zwangen und damit auch politische Veränderungen hervorriefen.

Während den Bemühungen dieser Könige nur selten dauerhafte Erfolge beschieden waren, brachte die Regierung von Tukulti-Ninurtas II. Sohn Assurnassirpal II. (884 bis 859) eine grundlegende Veränderung der Lage. Seine Vorgänger hatten immerhin soviel erreicht, daß Angriffe auf Assyrien selbst nicht mehr möglich waren; Assyrien griff nun wieder seinerseits an und konnte damit das Gesetz des Handelns diktieren. Assurnassirpal nutzte das aus und ging so planmäßig vor, wie wir das auch bei den Assyrern nur ganz selten beobachten. Es ging ihm bei seinen Feldzügen nicht um besonders weitgesteckte Ziele, sondern um wirklich dauerhafte Eroberungen und da, wo diese nicht möglich waren, um die völlige Vernichtung der Kampfkraft des Gegners. Er kannte die Taktik der Aramäer und der Völkerschaften des Gebirges, sich beim Herannahen des assyrischen Heeres durch „Geschenke“ loszukaufen oder lieber noch in schwer zugängliche Gebiete auszuweichen und erst nach dem Abzug der Assyrer wiederzukommen. Er nahm daher nur die gänzliche Unterwerfung an mit der Verpflichtung zur regelmäßigen Zahlung sehr hoher Tribute und zur Durchführung aller Anordnungen der vom König eingesetzten Kommissare. In allen anderen Fällen ging er gegen die „Empörer" mit einer selbst für assyrische Verhältnisse ungewöhnlichen Härte und Brutalität vor. Er tötete die gefangenen Männer oft auf besonders grausame Weise durch Pfählen oder Schinden bei lebendigem Leibe, ließ Tausende blenden oder anderweitig verstümmeln und verbrannte in eroberten Städten nicht selten auch die Kinder. Manche Landstriche wurden dadurch mehr oder weniger entvölkert. In anderen Fällen, besonders in seinen späteren Regierungsjahren, wandte er die schon früher viel geübte Methode der Deportation großer Teile der Landesbevölkerungen in einem noch gesteigerten Umfang an. Die bis dahin so oft widerspenstigen Gegner wurden dadurch als Völker ausgelöscht, die Arbeitskraft der Menschen aber dem Reich an anderer Stelle erhalten. Assurnassirpal zerstörte damit die Widerstandskraft der benachbarten Gebiete, insbesondere des größten Teiles von Mesopotamien, so gründlich, daß die meisten von ihnen auch seinen Nachfolgern nie wieder Ungelegenheiten bereiten konnten. Nicht mehr zu vollem Erfolg führen konnte er diese Politik in Syrien und in Teilen der Gebirgsländer im Norden und Osten, da er dort nicht oft genug hinkam, um seine Herrschaft in der üblichen Weise zu sichern. Auseinandersetzungen mit Babylonien ging Assurnassirpal wie die meisten Könige vor ihm (s. S. 64f.) nach Möglichkeit aus dem Wege, obwohl er Gründe zu einem Eingreifen bei gelegentlichen Feindseligkeiten der Babylonier durchaus hätte finden können. Er begnügte sich in diesem Fall jedoch mit der Durchsetzung von Grenzverbesserungen.

Mindestens in den ersten 10 Jahren zog Assurnassirpal in Verfolg dieser Politik jedes Jahr ins Feld, wobei er entweder im Frühherbst oder im Frühsommer aufbrach. Um seine Erfolge möglichst ohne langwierige Belagerungen von Festungen zu erzielen, mußte er auf eine den Gegnern überlegene Bewaffnung seines zahlenmäßig gar nicht immer stärkeren Heeres bedacht sein. So führte er zuerst in größerem Umfang die Reiterei neben der bis dahin die Schlachtfelder beherrschenden Wagentruppe ein und setzte in den Festungskampf bessere und schwerere fahrbare Sturmböcke und Mauerbrecher ein. Nicht weniger wichtig als die Ausbildung und Ergänzung des Heeres war aber die Ausbildung geeigneter Beamter aller Dienstgrade für die Verwaltung und Ausbeutung der neuen Provinzen. Auf diesem Gebiet leistete dem König offenbar sein Minister Gabbi-ilani-eresch wertvollste Hilfe; denn auf dessen Schultern lag in Abwesenheit des Königs gewiß auch die wesentliche Last der Regierung. Die Heranbildung von Ministern und Generälen, die auch zu selbständigem Handeln befähigt waren, nahmen die assyrischen Könige der Großreichzeit überhaupt sehr ernst; denn das war eine der Hauptvoraussetzungen für ihre Erfolge. Weil sie auf diese Männer angewiesen waren, mußten sie freilich auch sicher öfter, als ihnen lieb war, auf deren Auffassungen und die hinter den Ministern, Statthaltern und hohen Offizieren stehenden Gruppen Rücksicht nehmen. Taten sie es nicht, kam es nicht ganz selten zu Aufständen und Revolten. Unsere Quellen berichten darüber natürlich wenig, daher sind die Ursachen für uns nur selten einigermaßen durchsichtig.

Es wäre nun sehr einseitig, wenn wir in Assurnassirpal, der der eigentliche Begründer des neuassyrischen Großreichs war, nur den unternehmenden und vor keinen Schwierigkeiten zurückschreckenden Soldaten und einen zielbewußten Politiker von rücksichtsloser Energie und Brutalität sehen wollten. Schon in seinen ersten Regierungsjahren benutzte der König einen beträchtlichen Teil der auf seinen Feldzügen eingebrachten gewaltigen Beute, um Bauten in Angriff zu nehmen, die nicht nur an Größe fast alles Bisherige übertrafen, sondern auch in ihrer Ausgestaltung verschiedentlich ganz neue Wege gingen. Assurnassirpal baute auch in der alten Hauptstadt Assur und in Nineveh, das sein Vater als Hauptstadt bevorzugt hatte. Sein eigentliches Interesse galt aber der von Salmanassar I. (s. S. 67) gegründeten, seither weithin verfallenen Stadt Kalach an der Mündung des oberen Zab in den Tigris. Die Ruinenhügel dieser Stadt (heute Nimrud genannt) wurden schon vor über 100 Jahren entdeckt und teilweise ausgebeutet mit Methoden, die weit mehr der Schatzgräberei als wissenschaftlichen Ausgrabungen entsprachen. Daher sind trotz überaus reicher Funde, die in westliche Museen, vor allem nach London, übergeführt wurden, viele Fragen, die wir heute stellen müssen, infolge ganz unzureichender Aufnahme des Grabungsbefundes offen geblieben. Es bleibt abzuwarten, ob die kürzlich begonnenen Nachgrabungen noch einiges klären werden. So läßt sich der Plan des von Assurnassirpal errichteten gewaltigen Palastes vorläufig nur zu kleinen Teilen herstellen; Umfang und Anlage des Gesamtbauwerks sind für uns noch nicht erkennbar. Das, was den verfügbaren Zeichnungen und Beschreibungen zu entnehmen ist, genügt aber, um den Hauptunterschied zwischen diesem Palast und den uns bekannten älteren Anlagen hervortreten zu lassen. Die Wände aller aufgefundenen Räume und des Hofes waren in dem allein erhaltenen unteren Teil mit großen Platten aus Alabaster und Kalkstein verkleidet, die entweder nur Inschriften oder Flachreliefs mit darüberlaufender Inschrift oder auch nur Reliefs trugen. In Babylonien und im älteren Assyrien hat diese Ausschmückung des Palastes nach unserer Kenntnis kein Vorbild, wohl aber in kleinasiatischen Bauwerken der Hethiter aus dem 14. und 13. Jahrhundert und in den Palästen der Fürsten der hethitischen Reststaaten in Syrien und Nordmesopotamien aus den Jahrhunderten nach der Zerstörung des Hethiterreichs (um 1200). Von dort hatte schon Tiglatpilesar I. die Ausschmückung der Toreingänge mit gewaltigen, überlebensgroßen Steinbildern von Stieren, Löwen und mythischen Mischwesen übernommen; aus seiner Zeit sind allerdings nur ganz kleine Bruchstücke solcher Bilder aufgefunden worden. Assurnassirpal stellte ganz ähnlich an verschiedenen Ein- und Durchgängen des Palastes geflügelte Stiere und Löwen mit Götterkronen tragenden, bärtigen Männerköpfen auf, die vor allem wohl Dämonen und böse Kräfte abwehren sollten. Alle Einzelheiten sind auf diesen etwa 3,20 m hohen Figuren mit größter Sorgfalt ausgearbeitet; die Gesichter bleiben freilich starr und leblos wie auf fast allen Bildwerken dieser Zeit. Die Kolosse haben fünf statt vier Füße, damit von der Seite vier und von vorn zwei zu sehen sind (Abb. 16).

An den Wänden zwischen den koloßflankierten Eingängen finden wir in langen Reihen die fast 3 m hohen Bildplatten; ein Teil von ihnen war ursprünglich vielleicht farbig. Da die Platten, soweit noch vorhanden, heute über viele Museen verstreut sind, sehen wir sie nirgends mehr in ihrem ursprünglichen Zusammenhang und können diesen aus den unzureichenden Beschreibungen der Ausgräber auch nur teilweise rekonstruieren. Vier Hauptgruppen treten hervor: die oft uralte sumerische Motive in hethitischer oder churritischer Umformung weiterbildenden religiösen Darstellungen, Bilder des Königs allein, Kriegs- und Jagddarstellungen (Abb. 17 und 18).

Auffällig ist nun dies: so sehr die Schilderung der Kriege und Eroberungen des Königs in den meisten größeren Inschriften den Hauptplatz einnimmt, von den erhaltenen Bildreihen enthalten nur die einer großen Halle überwiegend Kampfdarstellungen, die nahe den Eingängen durch religiöse Bilder flankiert

Abb. 16. Kolossaler Stier mit Menschenkopf und Adlerflügeln aus dem Palast Assurnassirpals II. (884 bis 859) in Kalach.

sind. In den anderen Räumen sind religiöse Themen neben einzelnen Bildern aus dem Hofleben durchaus vorherrschend. Ein Podest am östlichen Ende läßt vermuten, daß die Halle mit den Kriegsbildern der Thronsaal für große Audienzen gewesen sein dürfte, bei denen den Anwesenden die große Macht des Königs und das oft grausige

Abb. 17. Assurnassirpal II. berennt eine feindliche Festung (Kalach).

Schicksal der Feinde im Bilde eindrucksvoll vorgeführt wurden. In anderen Räumen legte der König auf solche Darstellungen offenbar weniger Wert. Soweit er sich hier zwischen verschiedenen mythischen Wesen selbst abbilden ließ, geschah es gern bei kultischen bzw. religiös-

Abb. 18. Assurnassirpal II. auf der Löwenjagd (Kalach).

symbolischen Handlungen wie der Befruchtung der Dattelpalme, die auf anderen Bildern von den Genien vorgenommen wurde (Abb. 19). Vermutlich waren also auch die zahlreichen Götteranrufungen in den Inschriften nicht nur herkömmliche Floskeln, sondern dem König Ernst. Schließlich geschahen ja auch die Grausamkeiten im Felde im

Auftrag und zur Ehre der Götter, die durch den immer erneuten Abfall der Feindstaaten beleidigt wurden und dafür Genugtuung forderten. Daher greift auf einigen der Bilder auch Assur in der —

Abb. 19. Genien befruchten Dattelpalmen (Palast Assurnassirpals II.).

über die Hethiter den Ägyptern entlehnten — geflügelten Sonnenscheibe selbst mit dem Bogen in den Kampf ein, um den für seine Herrschaft fanatisch kämpfenden König zu unterstützen. Wie so oft in der Geschichte sind auch bei Assurnassirpal über den Menschen hinwegschreitendes rücksichtsloses Machtstreben und religiöser

Fanatismus eine Verbindung eingegangen, die es unmöglich macht, im Einzelfall menschliche und religiöse Motive zu unterscheiden.

Der Stil der Bilder ist, obwohl sicher viele Künstler an ihnen gearbeitet haben, im Ganzen durchaus einheitlich. Bei den Schlacht- und Jagdbildern herrscht ein massiver Realismus in der Wiedergabe der einzelnen Szenen vor unter bewußter Beschränkung der Figurenzahl und sparsamer Andeutung der Landschaft. Die Einzelfiguren sind recht schematisch und bisweilen in einer zu ihrem Tun nicht ganz passenden Haltung dargestellt. Auf die sorgfältige Zeichnung vieler Einzelheiten der Gewandung, der Bart- und Haartracht, der Geräte und Waffen und Gebäude ist mehr Wert gelegt als auf den Ausdruck des Gesichts, das bei den Kämpfern meist ebenso ausdruckslos ist wie auf öfter dargestellten abgeschlagenen Köpfen der Feinde. Bewußt übertrieben ist die Muskulatur, um bei allen Gestalten den Eindruck großer Kraft zu erwecken. Zwischen diesem Kunststil und der brutalen Nüchternheit des Inschriftenstils besteht zweifellos eine innere Verwandtschaft, die der Haltung der Zeit, besonders aber des königlichen Auftraggebers entsprach. So lautet ein typischer Eroberungsbericht etwa: „An die Stadt Kinabu, die Festung des Hulai, kam ich heran. Mit der Masse meiner Truppen schloß ich in einer wilden Schlacht die Stadt ein und nahm sie. 600 ihrer Kämpfer erschlug ich mit der Waffe, 3000 Gefangene verbrannte ich mit Feuer, ließ keinen lebend als Geisel übrig. Hulai, ihren Stadtherrn, fing ich lebendig, ihre Leichen schichtete ich zu Türmen auf, verbrannte ihre Jünglinge und Mädchen mit Feuer. Dem Hulai, ihrem Stadtherrn, zog ich die Haut ab und hing sie auf der Mauer von Damdamusa auf. Die Stadt riß ich ein, zerstörte und verbrannte sie.“ Mit der gleichen Gefühllosigkeit werden Kampfhandlungen und die grausamen Exekutionen auch bildlich dargestellt, ohne daß die aktiv und passiv Beteiligten eine Miene verziehen. Mit bescheideneren technischen Mitteln war die Menschenvernichtung auch damals schon zum routiniert betriebenen System geworden.

Es fehlt hier leider der Raum, auf die zahlreichen Darstellungen religiöser Themen auf den Palastwänden einzugehen, weil sich ihr Sinn, soweit er überhaupt erkennbar ist, nicht mit wenigen Worten verdeutlichen läßt; mythische und kultische Motive durchdringen sich vielfach. Eine allgemeine Feststellung ist aber doch wesentlich: der König, der bedenkenlos Tausende verbrannte, muß den zahlreichen Künstlern und Handwerkern, die jahrelang an seinem Palast und anderen Bauwerken arbeiteten, viel Fürsorge zugewandt haben, obwohl ein großer Teil von ihnen zweifellos aus früher feindlichen Städten stammte, wie schon die unverkennbare Anknüpfung an das in Syrien gepflegte Kunstschaffen zeigt. Denn das Vorausgegangene in vielem erheblich überragende Kunstleistungen, wie wir sie in Assurnassirpals Palast sehen, können nur von Menschen geschaffen werden, die willig und mit Freude arbeiten; und selbst die peinlich saubere Handwerksarbeit, die die Einmeißler der Hunderte von Inschriften geleistet haben — jeder Schriftkeil mußte doch einzeln ausgemeißelt werden! —, ist ohne einige Liebe zur Arbeit kaum vorstellbar. In der Tat zeigt uns eine erst kürzlich gefundene Steleninschrift des Königs, daß er seinen Untertanen auch Feste ausrichten konnte, bei denen es an nichts fehlte. Diese Inschrift berichtet von dem glänzenden Fest, das bei der Einweihung des großen Palastes und der Parkanlagen von Kalach gefeiert wurde. Da hat der König 69 574 Menschen aus allen Teilen des Reichs und mehreren Nachbarländern zehn Tage lang in Kalach, das selbst 17 500 Festgäste stellte, reich bewirtet; die herangeschafften Schlachttiere, sonstigen Lebensmittel und Getränke werden uns genau aufgeführt (zum Beispiel 2200 Rinder, 16000 Schafe, 34000 Stück Geflügel, 10 000 Schläuche Wein, 10 000 Faß Bier usw.). Es war für jeden Geschmack gesorgt; leider können wir nur viele der Bezeichnungen der gebotenen Delikatessen ebenso wie viele Namen der Baumsorten, die in den Parks angepflanzt wurden, noch nicht deuten. Der König hat sich im weiteren Verlauf seiner Regierung bemüht, Kalach auch zu einem geistigen Zentrum zu machen, das neben den alten Zentren bestehen konnte. Es scheint vor allem, daß die gewaltigen Fortschritte, die die kommenden Jahrhunderte auf dem Gebiet der Sternkunde erreichten, zu einem nicht geringen Teil in der in Kalach eingerichteten Beobachtungsstation erzielt wurden. Daß man die Astronomie um der Astrologie willen betrieb, tat der Ernsthaftigkeit der Arbeit keinen Abbruch. Assurnassirpal war sich offenbar durchaus darüber klar, daß eine dauerhafte Herrschaft nicht mit militärischen und politischen Mitteln allein aufzurichten war, sondern auch einer geistigen Grundlegung bedurfte. Das herrschende Volk mußte den Unterworfenen kulturell mindestens die Waage halten, nach Möglichkeit aber ihnen überlegen sein.

Das Fehlen von Briefen aus dieser Zeit hat leider zur Folge, daß wir über die Berater des Königs auf den verschiedenen Gebieten, unter denen sich bedeutende Persönlichkeiten befunden haben müssen, fast nichts wissen. Dadurch bleiben für uns auch wesentliche Fragen, die sich an die Persönlichkeit Assurnassirpals selbst knüpfen, vorläufig unlösbar. Trotzdem dürfen wir abschließend sagen, daß dieser überaus brutale Herrscher, der besonders viel dazu beigetragen hat, daß moderne Forscher die Assyrer „ein unsäglich scheußliches Volk“ genannt haben, auch geistig ein Mann von ungewöhnlichem Format war und im übrigen ein Mensch mit seinem Widerspruch, in dessen Seele ebenso Raum war für große Gedanken wie für die widerwärtigsten Regungen. Viel Sympathie hat er verständlicherweise weder bei den Zeitgenossen noch bei den Nachfahren gefunden.

Während wir nun bei den bisher behandelten besonders erfolgreichen Herrschern meistens feststellen mußten, daß ihr Reich schon in der nächsten Generation schwere Einbußen erlitt, hatte Assurnassirpal II. in seinem Sohn Salmanassar III. (859 bis 824) einen Nachfolger, der das Reich nicht nur zusammenhielt, sondern auf zahlreichen Feldzügen sogar noch erheblich vergrößerte. Er gab seinem Vater an Brutalität nicht viel nach, hatte aber offenbar nicht die gleiche Sicherheit in der Beurteilung dessen, was jeweils möglich war. So hat er eines seiner Hauptziele, die Eroberung von Damaskus, ohne Rücksicht auf offenbar empfindliche Mißerfolge, die ihm eine syrische Koalition unter Beteiligung von Israel beibrachte, mit unglaublicher Zähigkeit immer weiter verfolgt, konnte aber die Stadt trotz längerer Belagerung nicht erstürmen. Babylonien durchzog er bis an den Persischen Golf, behandelte die Städte aber sehr rücksichtsvoll. Auch er war ein großer Bauherr und ließ neben zahlreichen Inschriften auch viele Bildwerke schaffen, die denen seines Vaters im Stil nah verwandt, aber nicht ganz so massiv sind. Ein über 7 m hohes zweiflügliges Palasttor war ganz mit Kupferblechschienen überzogen, auf denen die Feldzüge des Königs in getriebenem Flachrelief dargestellt sind (Abb. 20). Ein großer Obelisk zeigt unter anderen Tributbringern Jehu von Israel. Es ist hier nicht möglich, auf diese seinem Vater in vielem sehr verwandte Persönlichkeit näher einzugehen. Seine letzten Jahre verdüsterte der Aufstand eines Sohnes, den er nicht mehr niederwerfen konnte.

Abb. 20. Stück der Bronzebeschläge eines Palasttores Salmanassars III. (859 bis 824) in Imgur-Ellil. Marsch zu Wasser und zu Lande.

9. Tiglatpilesar III. organisiert das assyrische Großreich

Assyrien blieb auch nach dem Tode Salmanassars III. 824 die unbestrittene Vormacht Vorderasiens; allerdings traten nun allerlei Rückschläge ein, vor allem weil Schamschi-Adad V. (824 bis 810) nur mit babylonischer Hilfe seinen aufständischen Bruder besiegen konnte. Gleichzeitig wurde Armenien von kraftvollen Herrschern eines den früheren Churritern verwandten Volkstums zu einem von den Assyrern Urartu genannten Einheitsreich zusammengeschlossen und griff zeitweilig sogar auf Syrien über. Schamschi-Adad starb früh, als sein Sohn Adadnirari III. (810 bis 782) noch unmündig war; die Regentschaft führte bis 806 seine Witwe Sammuramat, die die Griechen später Semiramis nannten und ihr neben Eroberungszügen bis Indien und Abessinien die Anlage von „hängenden Gärten“ in Babylon zuschrieben. Wenn diese Berichte auch märchenhaft sind, so muß Sammuramat doch eine Frau von ungewöhnlicher Bedeutung gewesen sein, die nach außen und innen beträchtliche Erfolge hatte. Trotzdem machte sie ihrem Sohn Platz, als er volljährig wurde. Die „hängenden Gärten“ waren Gartenanlagen auf künstlichen Steinterrassen, wie uns ein Reliefbruchstück lehrt. Adadnirari III. selbst hatte große Erfolge gegen Nordwestiran, wo jetzt die arischen Meder und südlich von ihnen die Perser saßen, gegen Babylonien, daß er traditionsgemäß schonend behandelte, und gegen Palästina, das er bis zum Süden durchzog. Weniger kampffreudig waren seine drei Nachfolger; sie waren allerdings auch durch schwere Pestepidemien, die viele Opfer forderten, mehrfach für längere Zeit lahmgelegt. Unter ihnen gewannen Minister und Statthalter der damals sehr großen Provinzen immer wieder bestimmenden Einfluß; ihre Rivalität untereinander führte zu Aufständen einzelner Provinzen, die nur mühsam niedergeworfen wurden. Größere Inschriften und Bildwerke sind von keinem dieser Könige überliefert. Gegen den letzten von ihnen, Assurnirari V. (755 bis 746), erhob sich wahrscheinlich das Heer, dessen Unterhaltung infolge des stark nachlassenden Beuteertrages in mehreren friedlichen Jahren offenbar schwierig geworden war. Man setzte einen nicht mehr ganz jungen General auf den Thron, der den programmatischen Namen Tiglatpilesar III. (746 bis 727) annahm und alsbald das assyrische Reich auf den Gipfel seiner Macht führte.

Tiglatpilesar nennt in den meisten seiner Inschriften keinen Vater; nur einmal bezeichnet er sich als Sohn Adadniraris III. Wir wissen nicht, ob er wirklich ein jüngerer Sohn dieses Königs war oder diese Angabe nur ein Versuch war, seine angemaßte Herrschaft als legitim hinzustellen. Aus einem Hinweis seines zweiten Nachfolgers Sargon II. können wir schließen, daß seine Regierung beträchtliche Veränderungen im inneren Gefüge des Reichs mit sich brachte. Er hob die Steuerbefreiungsprivilegien bestimmter Städte wie Assur und Harran auf, vermutlich, um eine gleichmäßigere Belastung aller Landesteile zu erreichen. Er muß die herrschende Schicht damit sehr vor den Kopf gestoßen haben, ohne ihren Einfluß auf die Dauer brechen zu können. Aus den Statthalteraufständen der vergangenen Jahre zog er die Folgerung, daß die Vereinigung zu großer Macht in der Hand eines Statthalters für die Reichseinheit unzuträglich sei. Er teilte daher das Reich in kleinere Provinzen neu auf und entzog den Statthaltern einen Teil ihrer Funktionen. Das Heer bekam verbesserte Waffen, vor allem stärkere Streitwagen und neues Belagerungsgerät. Mit allen diesen Reformen, die er anscheinend nicht überstürzt hat, schuf er sich die Grundlage für eine Eroberungspolitik, die alles bisherige weit hinter sich ließ. Er brach dabei mit der bisherigen Praxis, in den entfernten Reichsteilen einheimische Fürsten mit entsprechender Tributverpflichtung an der Herrschaft zu lassen; denn diese Fürsten hatten sich meistens doch bei der ersten Gelegenheit wieder selbständig gemacht. Er setzte sie daher größtenteils ab und gründete auch in den entlegenen Gebieten zahlreiche neue Provinzen unter assyrischen Statthaltern. Seine Kriegführung war vielleicht nicht ganz so blutig wie die Assurnassirpals II. Dafür ging er in der Umsiedlungspolitik noch viel weiter als dieser und erreichte durch Verpflanzungen ganzer Volksgruppen, die insgesamt Hunderttausende von Menschen erfaßt haben dürften, daß das Reich in immer größeren Teilen von einer weithin gleichartigen Mischbevölkerung bewohnt wurde, die ihr angestammtes Volkstum in der fremden Umgebung vergaß und sich an die Zugehörigkeit zum Großreich gewöhnte. Weil die aramäischen Gruppen in dieser Mischbevölkerung überwogen, breitete sich die aramäische Sprache als Volkssprache nach und nach selbst in Assyrien immer mehr aus; kulturell blieb das Übergewicht der Assyrer aber zunächst noch in den meisten Gebieten gewahrt, obschon sie das gewaltige Reich nicht wirklich zu durchdringen vermochten.

Von den außenpolitischen Erfolgen Tiglatpilesars können wir nur die wichtigsten nennen. Nach einem Eingreifen in Baylonien ging er zunächst gegen das schon erwähnte armenische Königreich von Urartu (in der Bibel Ararat genannt) vor, schlug dessen Heer vernichtend, konnte aber die Hauptstadt, das heutige Wan am Wan-See, mit ihren starken Felsbefestigungen nicht einnehmen. Im Verlauf dieser Kämpfe drangen assyrische Truppen bis zum Demawend-Gebirge vor; außerdem wurde der letzte Widerstand einzelner nordsyrischer Städte gebrochen. Anschließend ging es gegen Damaskus, das nach langer Belagerung 732 fiel und mit seinem Gebiet verwüstet wurde. Im Zusammenhang mit diesen Operationen wurden auch Israel und Juda (letzteres freiwillig) zu Vasallen, wie auch die Bibel berichtet. Außerdem zog der König gegen die von einer Königin regierten Araber des Ostjordanlandes, die jetzt als ein neuer Faktor in die Geschichte eintreten, und bekam infolge seines Sieges sogar aus dem fernen Jemen Tribut. Gegen Ende seiner Regierung mußte er schwere Kämpfe mit den Aramäerstämmen bestehen, die Babylonien großenteils unter ihre Gewalt gebracht hatten. Das veranlaßte ihn 729, sich unter dem Namen Pulu selbst zum König von Babylonien zu machen und dieses mit Assyrien in Personalunion zu verbinden. Mit den großen babylonischen Städten ging auch er schonend um und sorgte für ihre Tempel.

Die bevorzugte Residenzstadt Tiglatpilesars war wieder Kalach, wo er den Palast Salmanassars III. mit großer Pracht für sich ausbaute. Er ist uns noch viel schlechter erhalten als der Assurnassirpals, weil er schon 50 Jahre nach dem Tode des Königs von Assarhaddon (s. S. 126) für die Ausschmückung seines eigenen Palastes „ausgeschlachtet" wurde. Von den großen Bildfolgen, die die Wände auch dieses Palastes schmückten, ist daher nur ziemlich wenig auf uns gekommen; auch die großen Inschriften auf anderen Wänden sind besonders schlecht erhalten. Die Bilder zeigen, daß die Ausdrucksfähigkeit der assyrischen Kunst seit Assurnassirpal II. beträchtlich gewachsen war. Die Darstellung des menschlichen Gesichts blieb allerdings nach wie vor ihre schwächste Seite. Wohl aber vermochten die Künstler jetzt in der ganzen Haltung der dargestellten Menschen etwas mehr von dem sichtbar zu machen, was diese

Menschen im Augenblick gerade bewegte. So stehen zum Beispiel auf einem Bild (Abb. 21) ein mit kalter Geschäftlichkeit Beutelisten diktierender Beamter und verängstigte Frauen und Kinder, die auf Wagen abtransportiert werden, eindrucksvoll übereinander. Auf anderen wird die Freude der siegreichen Kämpfer und die Verzweiflung der sich ergebenden Feinde, die einem ungewissen Schicksal entgegensehen, einander gegenübergestellt. Neben dem Kriegsbild und Jagddarstellungen stehen auch bei Tiglatpilesar Kultszenen, die aber ebenso wie die spärlichen religiösen Floskeln in den Inschriften kein überzeugendes Zeugnis für ein persönliches, wirklich

Abb. 21. Fortführung und Registrierung der Beute aus einer eroberten Stadt (Palast Tiglatpilesars III. (746 bis 727) in Kalach).

religiös gegründetes Erwählungsbewußtsein zu geben vermögen; viel mehr als bei Assurnassirpal II. steht jetzt der auf seine Erfolge stolze Mensch im Mittelpunkt. Tiglatpilesar erweckt überhaupt den Eindruck, als sei er ein ganz besonders nüchterner Mann gewesen; doch reichen die verhältnismäßig dürftigen und sehr einseitigen Quellen nicht aus, um uns die Persönlichkeit dieses politisch vielleicht erfolgreichsten assyrischen Königs lebendig zu machen. Die zu einem beträchtlichen Teil gewiß sozial bedingten inneren Spannungen im assyrischen Kerngebiet, vor allem in den großen Städten, die wir vorläufig mehr ahnen als klar erkennen und kennzeichnen können, hat der wohl nur beim Heer beliebte König nicht positiv überwunden, sondern nur niedergehalten; sie sollten seinem Sohn zum Verderben werden.

10. Der Usurpator Sargon II. ist trotz großer Erfolge um sein Leben besorgt

Tiglatpilesars III. Sohn Salmanassar V. (727 bis 722) führte die Politik seines Vaters fort und war unter dem Namen Ululai wie er zugleich König von Babylonien. Er hielt sich, wie es scheint, mehr in Syrien und Palästina als in Assyrien auf und konnte sich daher um die immer schärfer werdenden inneren Auseinandersetzungen in der Heimat nicht im erforderlichen Maß kümmern. So konnten sich die mit seiner und seines Vaters innerer Politik Unzufriedenen zur offenen Empörung zusammenschließen. Wir wissen nichts über deren Verlauf; es scheint aber, daß Salmanassar während der dreijährigen Belagerung von Samaria, der Hauptstadt des aufständischen Israel, auf Veranlassung der Aufständischen, die sich in der alten Hauptstadt Assur befanden, fern der Heimat ermordet wurde. Entgegen der sonstigen Gewohnheit, über einen gewaltsamen Thronwechsel den Mantel des Schweigens zu breiten, berichtet sein Nachfolger, der Gott Assur, den Salmanassar „nicht fürchtete, habe dessen Herrschaft gestürzt". Er sagt aber nicht, wie das vor sich ging und ob er selbst schon während der Revolution die führende Rolle spielte. Der neue König nannte sich *Sargon II.* (722 bis 705), d. h. „rechtmäßiger, wahrer König", um seine nach menschlichen Maßstäben ganz gewiß nicht legale Thronfolge auch nach außen als dem Willen der Götter entsprechend und rechtmäßig hinzustellen. Zugleich war dieser Name des alten Großreichgründers von Akkade (s. S. 15) auch ein außenpolitisches Programm. Sargon nennt seinen Vater in seinen Inschriften nicht, behauptet aber später, zu der alten, schon bald 1000 Jahre in Assur regierenden Dynastie zu gehören. Vielleicht war er in der Tat ein Abkomme einer nicht thronberechtigten Seitenlinie; unter seinen Vorgängern hatte er wohl ein hohes militärisches Kommando inne gehabt. Jedenfalls mußte es sein erstes Bemühen sein, den hauptstädtischen Kreisen, die ihm zur Herrschaft verholfen hatten, zu Willen zu sein. Bald nach seinem Regierungsantritt stellte er ihre früheren, von Tiglatpilesar III. abgeschafften Privilegien, insbesondere die Steuerfreiheit der großen Tempel, wieder her. Er gewann dadurch die Unterstützung der Priesterschaft und vermutlich auch der assyrischen Großkaufleute. Innenpolitisch trat damit eine Gewichtsverlagerung ein, deren Bedeutung wir vorläufig noch nicht recht abschätzen können; an den außenpolitischen Zielen jedoch änderte sich gar nichts, da Sargon die Eroberungspolitik seiner Vorgänger folgerichtig weiterführte.

Das erste Opfer war das Königreich Israel, dessen Hauptstadt Samaria bald nach Sargons Regierungsantritt 721 gefallen sein muß. Die Bibel berichtet uns, daß die Assyrer einen großen Teil der Israeliten nach Nordmesopotamien, Assyrien und Medien deportierten und dafür in den folgenden Jahren Syrer und Babylonier im bisher israelitischen Gebiet ansiedelten. Es bildete sich dort dadurch eine Mischbevölkerung, die man später Samarit(an)er nannte. Juda unterwarf sich damals ebenso wie die anderen Kleinstaaten Syriens und Palästinas und rettete durch regelmäßige Tributzahlungen seine äußere Existenz. Es versuchte allerdings immer wieder, bei passender Gelegenheit das assyrische Joch mit ägyptischer Hilfe abzuwerfen; denn Ägypten war nach dem Zusammenbruch der selbständigen syrischen Staaten in richtiger Erkenntnis der nun auch ihm drohenden Gefahr trotz seiner eigenen inneren Schwäche zum Führer des Widerstandes gegen Assur im Südwesten geworden. Dauerhafte Erfolge hatte dieser Widerstand allerdings nicht. Reichte doch Sargons Macht jetzt so weit, daß sogar die griechischen Fürsten der Insel Zypern sich zur Tributzahlung und zur Aufstellung einer noch heute erhaltenen Stele Sargons in der Stadt Kition verstehen mußten. Sie taten das gewiß vor allem deswegen, weil die Assyrer neben anderen Teilen Südostkleinasiens jetzt auch das am Meer gelegene Kilikien unterworfen hatten. König Midas von Phrygien in Zentralkleinasien, von dem die Griechen später allerlei Histörchen zu erzählen wußten, hatte seine Absichten auf das gleiche Gebiet nicht verwirklichen können und mußte 709 gleichfalls Tribut zahlen. Beträchtliche Erfolge hatte Sargon auch im Norden und Nordwesten, denn er nutzte hier die Schwächung aus, die seine Nachbarn durch Angriffe der über den Kaukasus nach Armenien eingebrochenen indogermanischen Kimmerier (s. S. 122f.) erfahren hatten, und versetzte 714 dem Königreich Urartu (s. S. 90) schwere Schläge. Zur Provinz machen konnte er es jedoch nicht, oder er wollte es nicht. Trotz nicht immer erfolgreicher Kämpfe mehrfach zurückgedrängt wurden schließlich auch die indogermanischen Meder Irans. Nur einen Teil dieser vielen Feldzüge auf weit auseinanderliegenden Kriegsschauplätzen konnte Sargon selbst führen; öfter mußte er seine Generäle mit der Leitung der Operationen beauftragen.

Babylonien hatte bei Gelegenheit des gewaltsamen Thronwechsels das assyrische Joch abgeschüttelt. Zum König hatte sich dort der Fürst eines der aramäischen Chaldäerstämme Südbabyloniens mit Namen Mardukapaliddin (in der Bibel Merodachbaladan) II. aufgeschwungen und konnte sich in Babylon bis 710 behaupten, da Sargon nach einer Niederlage im Jahre 721 Babylonien längere Zeit in Ruhe ließ. Mardukapaliddin machte sich freilich dadurch sehr unbeliebt, daß er im Interesse seiner Stammesgenossen den großen Städten allerlei Lasten auferlegte. Daher begrüßten es diese Städte begeistert, als Sargon sich 710 entschloß, die frühere Scharte auszuwetzen, und den größten Teil des Landes rasch besetzte. Wie in Assyrien verstand es Sargon auch hier, die Priesterschaften der großen Tempel durch Gewährung von Privilegien und Bauarbeiten an den Tempeln für sich zu gewinnen; er war sogar klug genug, auf den Titel eines Königs von Babylon zu verzichten und sich dort nur Statthalter zu nennen. Mardukapaliddin wurde beim weiteren Vordringen der Assyrer in den Süden zur Flucht gezwungen und konnte wohl erst nach Sargons Tod in sein Heimatland am Persischen Golf zurückkehren.

Sargon hatte seine großen Erfolge mit den üblichen Methoden errungen. In seinen sehr umfangreichen Annaleninschriften berichtet er immer wieder von Verschleppungen größten Ausmaßes und von grausamer Bestrafung besonders hartnäckiger Gegner. Die brutale Konsequenz eines Assurnassirpal II. war hierbei allerdings, wie es scheint, seine Sache nicht. Freilich sind seine Inschriften ebenso wie die seiner Nachfolger literarisch vielfach so kunstvoll gestaltet, daß sie als Geschichtsquellen noch schwieriger auszuwerten sind als die vieler älterer Könige. Zu den politischen Gründen, aus denen die Vorgänge so oft gefärbt dargestellt werden, treten jetzt also vielfach noch Rücksichten auf die literarische Wirkung der Erzählung, die gern mit seltenen und gesuchten Ausdrücken prunkt und zu einer Art von Prosadichtung wird. Diese literarischen Ambitionen sind merkwürdigerweise nicht nur in zusammenfassenden Inschriften erkennbar, sondern auch in den an den Gott Assur und andere Götter adressierten sog. Erstberichten über einzelne, für besonders wichtig gehaltene Feldzüge, in denen wir im Angesicht des Gottes doch eigentlich eine streng sachliche und wahrhaftige Berichterstattung erwarten sollten. Die ruhmredige Erzählung wird hier viel mehr noch als früher durch lebendige Landschaftsschilderungen aufgelokkert wie etwa die folgende Beschreibung der Berge westlich des Urmia-Sees: „Zwischen den Bergen . . . , hohen Bergen, ragenden Gebirgen, schwierigen Bergtreppen mit nicht zählbaren Stufen, die zwischen sich nicht einmal einen Weg für den Durchmarsch von Infanteristen lassen: gewaltige Wildwasser haben sich in sie eingegraben, deren tosende Fälle wie der Wettergott donnern schon in einer Entfernung von einer Doppelwegstunde; die Berge sind mit allerlei Nutzhölzern, Obstbäumen und Weinreben dicht wie ein Rohrdickicht bewachsen und sind voll Furchtbarkeit für den ihren Pässen Nahenden, so daß kein König sie passiert und keiner meiner fürstlichen Vorgänger ihr Inneres gesehen hat: Ihre großen Stämme fällte ich, arbeitete mich mit Bronzehacken durch ihre schwierigen Bergtreppen durch...". Man spürt richtig, wie sich die Hofschreiber an den klingenden Worten berauschen und nach immer neuen Vergleichsbildern suchen; aber auch die fast sportliche Freude an der Meisterung der Geländeschwierigkeiten ist unüberhörbar. Prosaisch sind in den Erstberichten dann wieder die langen Beutelisten und am Schluß die ganz knappe eigene Verlustmeldung: Sargon versichert dem Gott, er habe auf einem ganzen Feldzug mit über 1200 km Marschstrecke nur 1 Wagenkämpfer, 2 Reiter und 3 Pioniere verloren. Da sich diese Verlustmeldung wörtlich gleich auch in einem Erstbericht seines Enkels findet, soll sie wohl nur besagen, daß die eigenen Verluste ganz gering waren.

Man könnte geneigt sein, Berichten dieser Art nur einen ganz geringen Quellenwert beizumessen, und sie müssen in der Tat sehr kritisch gelesen werden. Daß aber auch kein Anlaß zu gar zu großer Skepsis besteht, zeigen die Quellen anderer Herkunft, die wir zur Nachprüfung heranziehen können. Es sind dies für die Zeit Sargons und seiner Nachfolger babylonische Chroniken, deren Standpunkt nicht assurfreundlich ist, und für bestimmte Ereignisse das Alte Testament, vor allem aber die uns erhaltenen Reste des Briefarchivs dieser Könige in Nineveh. In diesen Briefen und gelegentlich auch in Urkunden ist von den in den Inschriften geschilderten Feldzügen, ihrer Vorgeschichte und Vorbereitung sehr oft die Rede. Sie bestätigen viele Einzelheiten der offiziellen Berichte und geben mannigfache wichtige Ergänzungen. Wir werden durch sie nicht zuletzt auch über den Anteil bestimmter Statthalter, Generäle und Agenten am politischen Geschehen unterrichtet. Oft ermöglichen die Briefe aber auch eine begründete Kritik an den offiziellen Berichten. Leider handelt es sich ganz überwiegend um Briefe an die Könige und nur vereinzelt um Briefe von ihnen; für die persönliche Art der Herrscher können wir diesem Briefarchiv daher viel weniger entnehmen als etwa dem 1000 Jahre älteren Archiv von Mari (S. 25). Für Sargon gilt dies noch mehr als für seine Nachfolger, obwohl etwa 300 größere und kleinere Bruchstücke in seine Zeit gehören. Wir sehen aus den Briefen der Untergebenen, daß er auf eine sachliche Berichterstattung ohne große Schmeicheleien Wert legte. Wir haben solche Berichte auch von seinem Sohn und späteren Nachfolger Sanherib, dem offenbar schon früh verantwortliche Staatsämter übertragen wurden. Der Sohn redet hier den Vater ebenso wie die anderen Beamten als „mein Herr König" an und nennt sich „dein Knecht". Die Briefe zeigen weiter, in welchem Ausmaß die Kriege durch Erkundung der Lage in den Feindstaaten durch Spione und Agenten vorbereitet wurden. Wir besitzen mehrere ausführliche Berichte zum Beispiel über den nördlichen Nachbarn Urartu, die für den Historiker heute noch wichtig sind. In den Briefen an den König sind gelegentlich Sätze aus seinen Briefen zitiert; über seine persönliche Art sagen diese aber nichts Wesentliches aus.

Als Residenz diente Sargon in seinen ersten Jahren vor allem wieder Kalach. Die Vorgänge bei der Revolution gegen seinen Vorgänger müssen ihn aber mit einem tiefen Mißtrauen gegen die eifersüchtig auf ihre alten Privilegien bedachten führenden Kreise der alten Hauptstädte Assyriens erfüllt haben, obwohl er doch ihnen seinen Thron verdankte. So faßte er wohl schon frühzeitig den Plan, eine ganz neue Hauptstadt zu bauen, in der jene unbequemen Gruppen keinen Einfluß haben sollten. Er wählte ein Dorf 20 km NNO von Nineveh, entschädigte die bisherigen Besitzer des Landes und begann 713 mit dem Bau seiner neuen Hauptstadt Dur-Scharrukin „Sargonsburg", über die uns Ausgrabungen bereits seit 1843 und wieder 1930 bis 1935 wichtige Aufschlüsse vermittelt haben. Der König, der auch sonst die Grenzen seiner Kraft anscheinend nicht immer ganz richtig gesehen hat, begnügte sich nicht mit einer in wenigen Jahren zu bauenden, bescheideneren Anlage, sondern faßte mit einer gewaltigen Doppelmauer ein annähernd quadratisches Gebiet von gut 3 qkm Fläche ein. Beherrscht wurde diese Stadt durch die Zitadelle im Nordosten mit dem auf einer 14 m

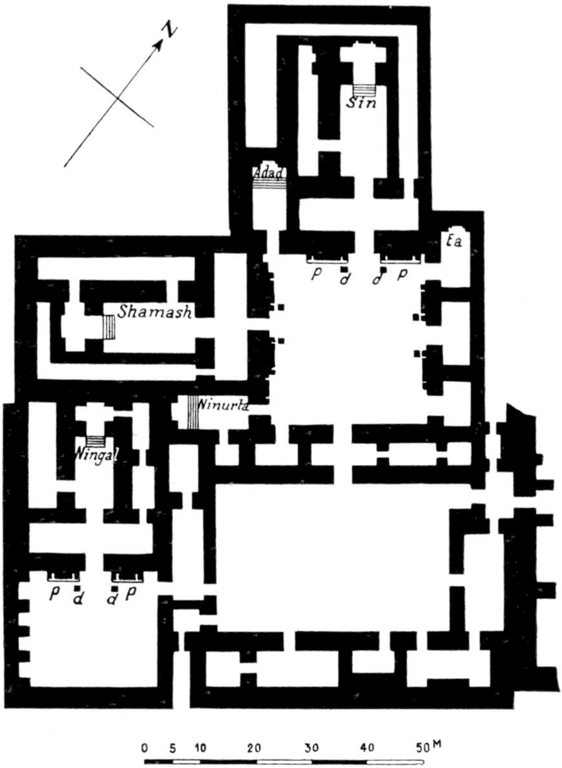

Abb. 22. Teil des Palastes Sargons mit Palasttempeln.

hohen künstlichen Terrasse liegenden Palast. Anders als in den alten Hauptstädten gab es hier, wenn wir recht sehen, keinen vom Palast räumlich getrennten Haupttempel, sondern die durchweg in bescheideneren Ausmaßen gehaltenen Göttertempel wurden in den Palastkomplex einbezogen, so daß Tun und Lassen der Priester von den Hofbeamten leicht überwacht werden konnten (Abb. 22). Die erhaltenen Reste erlauben leider keine vollständige Rekonstruktion des Palastes, der die Riesenpaläste von Kalach, wie es scheint, noch überbieten sollte. Anlage, Ausstattung und Bildschmuck waren allerdings offenbar nicht grundsätzlich von diesen verschieden (Abb. 23). Auch hier waren mehrere Eingänge von menschenköpfigen, überlebensgroßen Stierkolossen flankiert, die wie früher (s. S. 82) fünf Füße haben (Abb. 24). Sie wirken aber trotz der Größe weniger

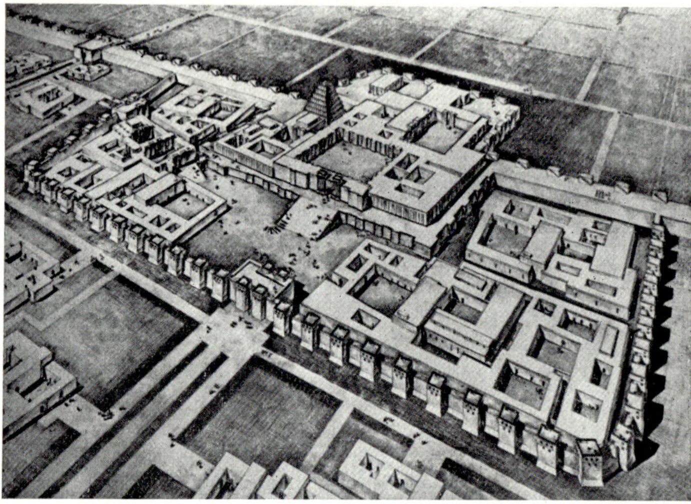

Abb. 23. Rekonstruktionszeichnung des Palastes der Sargonsburg (Länge der Umfassungsmauer im Vordergrund 630 m).

massiv, weil die Gestaltung im Einzelnen feiner ist. Neben ihnen standen Schutzgenien verschiedener Art wie zum Beispiel eine gewöhnlich als der mythische Held Gilgamesch gedeutete Gestalt (Abb. 25), die einen ausgewachsenen Löwen mit dem linken Arm würgt, als wäre er ein Lämmchen. Die Wände selbst waren großenteils wieder mit langen Reihen von Kalksteinreliefplatten geschmückt, die zum Teil Kriegsszenen darstellten; auch hier ist die Gestaltung bewegter und weniger schwerfällig geworden. An anderen Wänden waren lange Reihen von Dienerfiguren zu sehen, die Gegenstände verschiedener Art für große Feste trugen. Auf einigen dieser Bilder sind Tische, Stühle und andere Gegenstände so genau gezeichnet, daß wir uns von der Kunstschreinerei und der Drechselkunst dieser Zeit eine recht lebendige Vorstellung machen können, obwohl kein Holzgegenstand erhalten geblieben ist (Abb. 26). Wieder andere Wände waren mit mehrfarbigen Darstellungen meist kultisch-mythischen Inhalts oder die ganze Fläche ausfüllenden Ornamenten

Abb. 24. 3,70 m hoher Stierkoloss aus Sargons Palast.

bedeckt, die entweder aus Hunderten von farbig glasierten Ziegeln kunstvoll zusammengesetzt oder aber auf Gipsputz gemalt waren (Abb. 27). Die leuchtenden Farben waren auf den großen Wandflächen meist rot, blau, weiß und schwarz, auf kleineren Friesen auch gelb, grün, blau und weiß. Leider ist keine dieser Ziegelreliefwände ganz vollständig erhalten; was aufgefunden wurde, ermöglicht aber doch in mehreren Fällen Rekonstruktionen, die etwas von der alten

Pracht ahnen lassen. Farbenübergänge konnte man bei der Glasurtechnik nicht herstellen; die verschiedenen Farben sind auf den Bildern, öfter mit schmalen weißen Trennlinien, klar gegeneinander abgesetzt. Farbübergänge findet man übrigens bei dem hellen, oft gleißenden Tageslicht jener Breiten auch in der Natur weit weniger als in dem so oft gedämpften Licht unserer Heimat.

Abb. 25.
Löwentötender Gilgamesch aus Sargons Palast (5 m hoch).

Die Ausgrabung hat nicht mehr klar erkennen lassen, ob der große Palast von Sargonsburg ganz fertig geworden ist; große Teile des Stadtgebiets sind sicher ganz unbebaut geblieben. Da es in der Stadt auch noch mehrere prächtig ausgestattete Paläste hoher Beamter gab, waren acht Jahre stärkster Anspannung zahlloser Arbeitskräfte und vieler Künstler für dieses gewaltige Bauprojekt nicht entfernt ausreichend. Wir dürfen auch vermuten, daß die führenden Kreise von Assur, Kalach und Nineveh, die der Hauptstadtverlegung nicht freundlich gesonnen sein konnten, bei geeigneter Gelegenheit versucht haben, dem Fortschreiten der Arbeiten Hindernisse in den Weg zu legen. Solche Gelegenheiten dürften sich mehrfach gefunden haben, da Sargon anscheinend fast jedes Jahr einige Zeit an den Grenzen seines Reichs Kriege führte. Auf diesen Feldzügen begnügte sich der König nicht mit der Leitung der großen Operationen, an denen alle eingesetzten Truppen beteiligt waren, sondern stellte sich mehrfach auch persönlich an die Spitze kleinerer Einheiten, die die Feinde in besonders schwierigem Hochgebirgsgelände ohne Unterstützung durch die „schweren Waffen" der Wagentruppe aufzusuchen hatten. Solche Unternehmungen konnten nicht immer durch eine sehr gründliche Erkundung der Schluchten und Hochpässe vorbereitet werden; der Erfolg war daher sicher oft nur dem persönlichen, keine Strapazen scheuenden Einsatz zu verdanken. Im Jahre 705 wurde dem König eine solche Unternehmung in den Gebirgen Westirans aber zum Verhängnis. Nach einer leider nur sehr

Abb. 26. Diener aus Sargons Palast mit Tischchen und Kessel.

schlecht erhaltenen Notiz in einer Jahreseponymenliste muß er dort mit seinen Leuten in einen Hinterhalt gefallen und von den erbitterten Gebirgsbewohnern erschlagen worden sein. Seine Leiche blieb entsprechend einem Brauch, den auch die Assyrer selbst in zahllosen Fällen bei ihren Feinden geübt hatten, unbestattet den Raubvögeln zum Fraß; eine Heimholung durch die anderen Truppeneinheiten war nicht möglich oder wurde nicht gewagt. Dieses Ende des großen Eroberers, der während seines Lebens gegen die Möglichkeit einer Ermordung durch eigene Leute jede erdenkliche Vorsorge getroffen und keine Rücksicht auf die Kräfte seiner Untertanen gekannt hatte,

Abb. 27. Rekonstruktion eines Stückes aus einem mehrfarbigen Wandgemälde (in Rot, Weiß, Blau und Schwarz) auf Gipsputz im Palast Sargons (etwa $^{1}/_{28}$ der natürlichen Größe).

erschütterte sein Volk und seine Familie gewaltig. Wir erfahren davon aus einer leider nur sehr schlecht erhaltenen Proklamation seines Sohnes und Nachfolgers Sanherib. Sanherib ließ danach mehrere Gruppen von Priestern und Opferschauern unabhängig voneinander Untersuchungen darüber anstellen, wodurch sich sein sonst doch so frommer und den Tempeln gegenüber freigebiger Vater so gegen die Götter versündigt haben könne, daß sie ihm in ihrem Zorn ein solches unrühmliches Ende bereiteten. Die Antwort oder die Antworten der Prieser sind uns nicht überliefert; daß in ihnen die Gründung der Sargonsburg als Sünde ausgelegt wurde, können wir aber der Tatsache entnehmen, daß die neue Hauptstadt sofort nach Sargons Tod aufgegeben wurde.

11. Der vielseitige, auch technisch hochbegabte Sanherib scheitert an seiner Maßlosigkeit

Sargons II. Sohn Sanherib (assyr. Sinachcherîba „Sin, gib Ersatz für die Brüder", 705 bis 681) scheint die Nachfolge seines Vaters unbestritten angetreten zu haben. Sein Name hat Gebetsform und zeigt, daß vor seiner Geburt zwei oder mehr Prinzen, in denen man den Thronfolger erhofft hatte, gestorben sein müssen. Er blieb als erster am Leben und muß beim Tode seines Vaters ein Mann zwischen 25 und 30 Jahren gewesen sein, der als Statthalter in Südarmenien und Babylonien schon einige Erfahrungen gesammelt hatte. Ob ihn erst das furchtbare Ende seines Vaters (s. o.) veranlaßt hat, alsbald nach seiner Thronbesteigung der bisherigen Politik entgegengesetzte Maßnahmen zu ergreifen, oder ob er in Übereinstimmung mit maßgeblichen Kreisen der alten Hauptstädte schon vorher auf andere Wege gesonnen hat, entzieht sich unserer Kenntnis. Jedenfalls hat er seinen Regierungssitz sogleich nach Assur zurückverlegt und spätestens 701 endgültig Nineveh zur Hauptstadt erhoben. Außerdem nennt er sich in seinen zahlreichen Inschriften nie Sargons Sohn, eine nach orientalischen Begriffen besonders schwere Verletzung der Sohnespflicht, zu der ihn sehr schwerwiegende politische und vielleicht auch persönliche Gründe veranlaßt haben müssen. Politisch unterschieden sich Vater und Sohn besonders in der Beurteilung des Verhältnisses von Assyrien zu Babylonien. Zwar waren sich beide wie wohl alle Assyrer darüber einig, daß Babylonien mit dem assyrischen Reich eng verbunden sein müsse. Sargon aber erkannte entsprechend der politischen Tradition den babylonischen Städten weitgehende Selbstverwaltungsrechte zu und bemühte sich, ganz anders als in den Provinzen, die assyrische Herrschaft dort möglichst wenig spürbar zu machen; er vergißt auch in seinen Inschriften nie, sich der Fürsorge für diese Städte besonders zu rühmen. Demgegenüber machte sich Sanherib die Auffassungen der nationalassyrischen Partei zu eigen. Diese konnte darauf hinweisen, daß die Babylonier trotz der Vorzugsbehandlung den Assyrern weithin mit schlecht verhüllter Nichtachtung begegneten und immer wieder mit anderen Völkerschaften, insbesondere den Aramäerstämmen des flachen Landes und mit dem südöstlichen Nachbarn Elam, gegen Assur konspirierten. Daher kamen diese Kreise zu der Auffassung, daß man die Babylonier wesentlich schärfer anfassen müsse als bisher, um ihnen endlich die Möglichkeit zu neuen Aufständen zu nehmen. Vom Standpunkt des assyrischen Imperialismus aus war diese Meinung zweifellos folgerichtig, da ein nicht völlig pazifiziertes Babylonien in der offenen Südflanke des Reichs eine ständige Gefahr war. Die Nationalpartei übersah aber, daß für weiteste Kreise des assyrischen Volkes die babylonischen Städte eben nicht ein Feind wie die anderen Völker waren; das in langen Jahrhunderten gewachsene Bewußtsein, an Babyloniens Religion, Kultur und Überlieferung teilzuhaben, hatte vielmehr ein rational nicht zu begründendes Zusammengehörigkeitsgefühl von besonderer Art geschaffen. Nicht umsonst hatten die meisten Könige, Sanherib selbst nicht ausgenommen, ihre Inschriften babylonisch und nicht assyrisch abfassen lassen und fast nichts für die Pflege einer Literatur in assyrischer Sprache getan. Daher glaubten gewiß auch viele Assyrer an die Überlegenheit der babylonischen Kultur, obwohl Assyrien auf den Gebieten der Bild- und Baukunst damals längst Babylonien den Rang abgelaufen hatte. Sanherib glaubte wie Tukulti-Ninurta I. (S. 69), daß der Auftrag des Reichsgottes Assur ihm das Recht gebe, sich über dies alles hinwegzusetzen.

Die Babylonier müssen die Einstellung ihres neuen Oberherren früh gespürt haben; sie suchten daher von Assur loszukommen, noch ehe Sanherib ganz fest im Sattel saß. Zugleich trat der von Sargon vertriebene Chaldäer Mardukapaliddin (s. S. 96) erneut auf den Plan und konnte sich im Bunde mit dem damals sehr starken Elam 703 auch in Babylon zum König machen. Aber diese Herrlichkeit dauerte nur 9 Monate. Sanherib zog heran, schlug eine große Koalitionsarmee der Elamier, Babylonier und Aramäerstämme und setzte einen am assyrischen Hof aufgewachsenen Schattenkönig in Babylon ein. Mardukapaliddin selbst konnte auch dieses Mal wieder entkommen. Das Land aber wurde schwer gebrandschatzt; 208 000 Menschen wurden nach Sanheribs Behauptung verschleppt.

Inzwischen war es auch im Südwesten des Reiches unruhig geworden, wo das damals von äthiopischen Königen beherrschte Ägypten und, wie wir aus der Bibel wissen, auch der Chaldäer Mardukapaliddin zum Aufstand hetzten. So mußte Sanherib 701 nach Syrien und Palästina ziehen. Über diesen Feldzug haben wir neben seinem eigenen, ziemlich ausführlichen Bericht für einen Teil der Ereignisse eine recht eingehende Darstellung im Alten Testament und dazu einige, freilich sagenhafte Notizen des „Vaters der Geschichtsschreibung", des Griechen Herodot. Gerade die beträchtlichen Widersprüche zwischen diesen Berichten ermöglichen uns, ein leidlich zuverlässiges Bild von den Hauptereignissen zu gewinnen. Der Widerstand gegen Sanherib wurde in Phönikien von der Handelsmetropole und Festung Sidon angeführt, dessen König beim Nahen des assyrischen Heeres allerdings das Weite suchte; Sanherib konnte dort leicht einen ihm zuverlässig scheinenden Fürsten einsetzen. In Palästina aber war die Seele des Widerstandes der König Hiskia des kleinen Juda, das, anders als Israel, den Assyrern bisher noch nie ernstliche Schwierigkeiten gemacht hatte. Beraten wurde Hiskia von dem großen Propheten Jesaja, in dessen Buch daher auch ein Bericht über die Ereignisse eingefügt wurde. Hiskia glaubte, sich auf Ägypten verlassen zu können, das auch wirklich gegen Sanherib ein Heer nach Palästina schickte. Aber dieses Heer wurde bei Elteke vernichtend geschlagen. Nun sandte Hiskia dem Sanherib, der inzwischen zahlreiche jüdische Städte und Dörfer erobert hatte, reiche Geschenke aus dem Tempelschatz und hoffte, daß dieser sich damit und mit der Zusage künftiger Gefügigkeit zufrieden geben würde. Sanherib ging aber aufs Ganze und wollte auch die schwer einnehmbare Festung Jerusalem gewinnen. Zu dem Zweck schickte er nach dem biblischen Bericht zweimal hohe Beamte, die die Bevölkerung bewegen sollten, die Stadt sogar gegen Hiskias Willen zu übergeben. Nach diesem, sicher richtige Erinnerungen bewahrenden Bericht arbeiteten die assyrischen Unterhändler nicht nur mit Drohungen und, für den Fall freiwilliger Übergabe, Versprechungen, sondern auch mit religiösen Argumenten. Sie wiesen darauf hin, daß sich der Reichsgott Assur bisher allen in Syrien angebeteten Gottheiten überlegen erwiesen habe, da diese ihre Städte und Tempel nicht hätten retten können; auch Israels Hauptstadt Samaria sei gefallen. Sollte der Gott der Judäer wirklich gegen Assur seine Stadt retten können? Wir sehen wieder, wie stark bei den Assyrern und nicht zuletzt auch Sanherib das religiös-politische Sendungsbewußtsein war. Doch vor dem Gott Jerusalems, der durch den Propheten Jesaja König und Stadt Mut zusprechen ließ, versagte der vermeintliche Anspruch Assurs. Sanherib selbst sagt uns nur, er habe Hiskia „wie einen Käfigvogel" in der belagerten Stadt eingeschlossen und sei dann mit unermeßlicher Beute nach Assyrien zurückgekehrt, verrät aber nicht, warum er anders als bei den anderen Festungen Palästinas die Belagerung nicht zu Ende führte. Die Bibel berichtet, daß der Engel Gottes im Lager der assyrischen Belagerungsarmee in einer Nacht 185 000 Mann umbrachte; Herodot aber wurde erzählt, daß der Einbruch unzähliger Mäuse, die das assyrische Lederzeug zerfressen hätten, Sanheribs Umkehr veranlaßt hätte. Zusammengenommen ergeben die drei Berichte mit großer Wahrscheinlichkeit, daß eine durch Mäuse oder Ratten eingeschleppte Pestepidemie im Lager der Assyrer so viele Opfer forderte, daß Sanherib das verseuchte Gebiet schleunigst aufgeben und das Heer zurückführen mußte. Jerusalem durfte den plötzlichen Ausbruch der Seuche mit Recht als ein Wunder Gottes rühmen. Hiskia aber trug durch Übersendung von Tribut nach Nineveh Sorge, daß Sanherib in späteren Jahren keinen neuen Anlaß zum Eingreifen in Palästina fand; er hatte lernen müssen, daß damals auch Ägypten Assur nicht mehr gewachsen war.

Die übrigen Kriege Sanheribs im Westen und Osten hatten keine größeren Erfolge; die Berichte lassen spüren, welche Freude dem König das Erklimmen steiler Felsberge bereitete. Anders stand es in Babylonien, wo der Mißerfolg in Palästina einen neuen Aufstand ausgelöst hatte, den Sanherib 700 niederwarf; als König setzte er dort nun seinen Sohn Assurnadinschum ein. Da alle Aufstände Babyloniens von Elam wirksam unterstützt worden waren, beschloß Sanherib nun, dieses anzugreifen. Da er das zu Lande nicht wagte, ließ er als erster assyrischer König in Syrien und Assyrien eine Kriegs- und Transportflotte bauen, die die Flüsse abwärts an den

Persischen Golf befördert wurde, wobei ein Teil der Schiffe auf Rollen auch ein Stück über Land gezogen wurde. Als Mannschaften

Abb. 28. Sanheribs Soldaten kämpfen in den Lagunen des Persischen Golfs.

warb er Phönikier und Griechen an. Nach einer auch im Bilde mehrfach dargestellten Seeschlacht in den Lagunen des Persischen Golfs

(s. Abb. 28) gelang 694 tatsächlich die Landung in Elam und die Zerstörung zahlreicher Orte. Die Elamiter fielen ihm nun aber auf dem Landweg in den Rücken, besetzten ganz Nordbabylonien und führten Assurnadinschum weg. Erst 693 konnten die Assyrer wieder nach Norden durchbrechen und Babylonien erneut unterwerfen. Der Angriff auf Elam selbst aber mißlang und führte 691 zu einer Niederlage bei Baghdad. Der bei allen diesen Gelegenheiten gezeigte Haß gerade auch der Bewohner Babylons bewog Sanherib nun, jede Rücksicht fallen zu lassen. 689 wurde Babylon erneut erobert und völlig ausgeplündert und zerstört; über Teile der Stadt wurde zur Vollendung des grausigen Werks der Euphrat geleitet. Die Götterbilder aus den zerstörten Tempeln wurden nach Assyrien verschleppt. Die Stadt blieb, solange Sanherib lebte, unbewohnt.

Diese Tat, die die Frevel Tukulti-Ninurta's I. (s. S. 69) noch weit hinter sich ließ, erregte nicht nur in Babylonien größte Empörung. War damit doch neben anderen der Gott Marduk von Babylon schwer gekränkt worden, an den sich auch in Assyrien der Beter in seinen Nöten viel lieber wandte als an den für unnahbar geltenden Reichsgott Assur. Sanherib mußte also auch nach einer theologischen Rechtfertigung seines Tuns suchen. Wir können diese aus den uns erschlossenen Texten nur sehr unvollkommen rekonstruieren; sie zeigen aber deutlich, welch große Bedeutung damals der Propaganda auch mit geistigen Mitteln zukam. Die auch in Assyrien aufgenommene religiöse Überlieferung schrieb Marduk eine ganz entscheidende Rolle bei der Ordnung der Welt und der Schöpfung der Menschen und Tiere zu; das bei jedem Neujahrsfest rezitierte Weltschöpfungsepos erzählte davon. Sanheribs Theologen setzten nun im Epos und dementsprechend auch im Neujahrskult Assur an die Stelle Marduks. Zur Rechtfertigung der Zerstörung des Marduktempels in Babylon scheint man einen mythischen Bericht geschaffen zu haben, der berichtet, daß Marduk wegen einer Sünde von den anderen Göttern festgenommen und vor Gericht gestellt worden sei. Der Ausgang dieses Mythus ist uns nicht bekannt. Wir dürfen vermuten, daß es in Babylonien auch eine literarische Gegenpropaganda gab, kennen aber nichts davon (s. auch S. 124).

Sanherib als Politiker kann noch weniger Sympathien wecken als viele seiner Vorgänger. Wohl war sein politisches Denken ganz besonders folgerichtig, wenn er alle Feinde Assurs mit gleicher Brutalität behandelte, und man mag die den persönlichen Einsatz nicht scheuende Zähigkeit in der Verfolgung seiner Ziele bewundern. Auf der anderen Seite trieb ihn aber sein sicher zum Teil religiös gegründeter Fanatismus zu einer Maßlosigkeit im Hassen, die nicht einmal auf die religiösen Empfindungen seiner eigenen Untertanen Rücksicht nahm. Dadurch hat seine Außenpolitik viel zerstört, ohne daß er Assyrien einen wesentlichen Machtzuwachs verschaffen konnte. Wenigstens teilweise zu positiven Auswirkungen kam seine hervorragende technische Begabung. Gewiß wurde auch sie vor allem dem Kriege dienstbar gemacht, wie das schon erwähnte große Flottenunternehmen und seine Umleitung des gewaltigen Euphratstromes auf die Ruinen Babylons zeigen. Aber es blieb nicht dabei; denn Sanherib ließ sie, selbstverständlich unterstützt und beraten durch seine, dem orientalischen Brauch entsprechend ungenannt bleibenden Ingenieure und Baumeister, auch dem Lande und seiner Ernährung zugutekommen. Wir wissen darüber allerlei, weil er in seinen Inschriften wie in den Bildwerken besonders viel darüber berichtet und in Wort und Bild auch Einzelheiten genau darstellen läßt. Von einzelnen seiner Werke sind sogar heute noch eindrucksvolle Reste erhalten. Zu diesen gehört vor allem ein großer Kanal, der dem für die Bewässerung von Nineveh und seiner nördlichen Umgebung so wichtigen kleinen Chosr-Fluß mehr Wasser zuführen sollte. Nördlich Bawian wurde hierfür der Oberlauf des in den Oberen Zab mündenden Gomel-Flusses angezapft und dessen Wasser in einem an die 50 km langen Kanal durch das Hügelland zusammen mit anderen Bächen dem Chosr zugeführt. Bei dem heutigen Dscherwan mußte ein 280 m breites Tal überquert werden. Dafür wurde ein 22 m breiter mauerartiger Damm aus großen Kalksteinblöcken errichtet. Man hat berechnet, daß er über 2 000 000 behauene Blöcke von im Durchschnitt $^1/_8$ cbm Größe enthalten haben muß. Das eigentliche Kanalbett auf dem Damm wurde durch eine starke Schicht aus magnesiumhaltigem Kalkmörtelzement gebildet. Für den im Tal fließenden Bach wurden fünf 2,60 m breite und knapp 5 m hohe Spitzbogendurchlässe eingebaut (Abb. 29). Sanherib gibt als Bauzeit für den Kanal voll Stolz nur 15 Monate an und bekräftigt diese offenbar schon damals angezweifelte Behauptung in seiner Inschrift mit einem seinen Nachkommen geschworenen Eid, einer in Königsinschriften ganz ungewöhnlichen Form der Versicherung. Beträchtliche Teile des Mauerwerks sind noch heute erhalten.

Sanherib rühmt sich ferner der Einführung neuer Wasserhebeanlagen in Assyrien, die allerdings anderswo vielleicht schon früher bekannt waren, sowie neuer Bronzegußverfahren. Der Anlage von Parks galt wie bei Assurnassirpal II. seine besondere Liebe. Er wagte es sogar, auf Tempelhöfen, die auf dem gewachsenen Fels lagen, kleine Haine anzupflanzen, und ließ für die Bäume tiefe Löcher in den Fels schlagen und mit Erde füllen. Die Felslöcher für einen solchen Tempelhain hat man bei Assur noch heute feststellen können. Ein sehr schwieriges technisches Problem war schließlich der Transport der meist schon im Steinbruch grob bearbeiteten gewaltigen

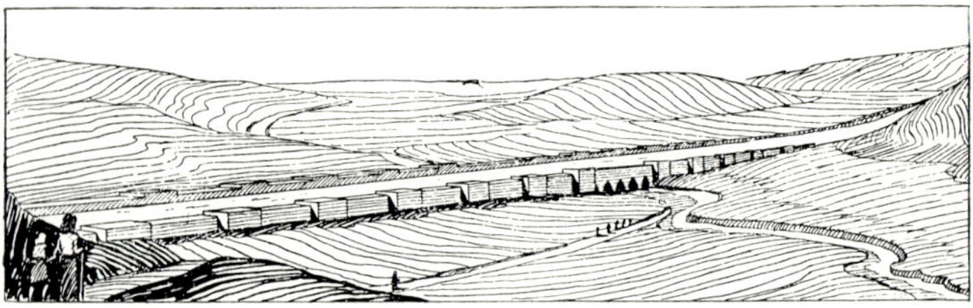

Abb. 29. Rekonstruktionszeichnung von Sanheribs Aquädukt bei Dscherwan (Länge etwa 280 m).

Steinblöcke, aus denen die Stierkolosse (s. dazu S. 82) und andere Kolossalfiguren für die Paläste hergestellt wurden. Waren die Blöcke schon früher mehrere Tonnen schwer gewesen, so betrug das Gewicht der größten Kolosse in den Palästen Sargons und Sanheribs 30 Tonnen und mehr. Der Weg vom Steinbruch, der wieder aufgefunden wurde, zum Tigris war nicht sehr weit und ging abwärts; dann wurden die Kolosse auf großen Flößen den Tigris hinunter möglichst nah an die Baustelle herangebracht. Wie man diese riesigen Gewichte auf dem stark strömenden Fluß steuern und ohne Bruch zur Landung bringen konnte, bleibt uns ein Rätsel. Das Schwierigste aber war wohl der Transport vom Floß auf das Ufer und dann bergauf zur Baustelle. Sanherib hat diesen Teil des Transportes einige Male auf den Palastwänden abgebildet, wobei er sich selbst als Oberleiter der ganzen Arbeit auf einem Wagen unter dem Sonnenschirm darstellen ließ. Da man Räder und Achsen für solche Gewichte nicht konstruieren konnte, mußten die Kolosse unter Ausnutzung der

Hebelkraft auf Schlitten fortbewegt werden. Nach einem Bild (Abb. 30) zogen vorn etwa 50 Mann an langen Seilen, und andere setzten von hinten einen Baumstamm als Hebel ein. Schwere Unfälle können bei diesen Arbeiten in der Glut der südlichen Sonne kaum ausgeblieben sein; aber darüber schweigen die Quellen, da die Arbeiter gewiß Kriegsgefangene waren, deren Leben auch damals wenig galt. Wenn wir von dem (leider gleichfalls zeitlosen) furchtbaren Mißbrauch menschlicher Arbeitskraft einmal absehen, bleibt diese technische Leistung mit so primitiven Hilfsmitteln außerordentlich imponierend. Die Arbeit im Steinbruch wurde übrigens auch für die an den Bildwerken arbeitenden Steinmetzen dadurch sehr erleichtert, daß der verwendete Kalkstein bei der Freilegung so weich ist, daß man mit dem Messer in ihn einschneiden kann; erst an der Luft wird er sehr hart.

Diese Arbeiten, auf deren Durchführung der König und seine Mitarbeiter so viel technischen Scharfsinn verwandten, dienten in erster Linie wieder dem Bau und der Ausschmückung von Palästen. Anders als bei vielen früheren Herrschern stand nun der Palastbau dem Tempelbau gegenüber durchaus im Vordergrund, auch wenn der letztere durchaus nicht ganz vernachlässigt wurde. Sanheribs Hauptwerk war ein gewaltiger Palast in seiner neuen Hauptstadt Nineveh, in der es bis dahin noch keinen ganz großen Palast gegeben hatte. Auch seinen Grundriß haben die bisherigen Ausgrabungen nur teilweise wiedergewinnen können, so daß die Gesamtanlage des den älteren Palastanlagen von Kalach und Sargonsburg gewiß nichts nachgebenden Bauwerks noch nicht erkennbar geworden ist. Eine sklavische Nachahmung der anderen Paläste war der Palast eines so eigenwilligen Königs gewiß nicht. Was wir kennen, sind vor allem wesentliche Teile des auch hier wieder die Wände zahlreicher Räume bedeckenden Reliefschmucks sowie einige Stierkolosse an den Eingängen. Soweit die ursprüngliche Anordnung der vielen Hunderte von Reliefplatten von den Ausgräbern festgehalten ist, können wir feststellen, daß in den einzelnen Räumen jeweils bestimmte Themen behandelt wurden. Im Vordergrund steht die Darstellung von Szenen aus Sanheribs Feldzügen, darunter denen in die östlichen und nördlichen Gebirge und dem in die südlichen Lagunen. Daneben gibt es Bilder vom Bau des Palastes wie die schon genannten Darstellungen des Transports der Kolosse und Bilder

Abb. 30. Transport eines Stierkolosses von etwa 30 Tonnen Gewicht zum Palast Sanheribs in Nineveh.

religiösen Inhalts mit kämpfenden Dämonen und Mischwesen. Häufig finden wir mehrere Bildstreifen übereinander.

Die Bildwerke des Sanheribpalastes zeigen, daß die assyrischen Künstler an den großen Aufgaben, die ihnen von jedem König neu gestellt wurden, wuchsen. Dem technischen Sinn des Königs entspricht es, daß man jetzt zum Ansichtsbild zu gelangen suchte, das nur das von einer Seite wirklich Sichtbare wiedergibt. Das bis dahin erstrebte Vorstellungsbild hatte zwecks möglichst vollständiger Wiedergabe der wesentlichen Kennzeichen der dargestellten Gestalten im Gegensatz dazu Profil und Aufsicht eigenartig gemischt. Die Augen zum Beispiel wurden grundsätzlich in Aufsicht gegeben! Jetzt werden auch die Augen möglichst im Profil gezeichnet, und die Stierkolosse haben nur noch vier Beine. Da indes die Gesetze der Perspektive noch nicht entdeckt waren, konnte dieser Weg nicht zu Ende gegangen werden. Weitaus mannigfaltiger als früher ist bei Sanherib die Wiedergabe der Landschaft, die durch verschiedenartige Bäume und Pflanzen ebenso wie durch charakteristische Tiere gekennzeichnet wird. Die Wasserflächen der Lagunen werden durch Fische, Krebse, Seesterne und andere Tiere (zum Teil sogar im Kampf miteinander!) belebt, und im Schilfdickicht sehen wir in meisterhafter Zeichnung etwa eine Wildsau mit Frischlingen (Abb. 31) oder eine verängstigte Hindin. Schon hier zeigt sich, daß den assyrischen Künstlern die Darstellung von Tieren ungleich besser gelingt als die der Menschen, deren Gesicht fast immer maskenhaft starr bleibt. In den sehr zahlreichen Kampfbildern sucht man, wenn auch in unbeholfener Form, die Tiefe des Raumes in die Darstellung einzubeziehen. Man wagt sich sogar an Massenszenen heran und lernt es, Kämpfe im Gebirge in einer der Wirklichkeit näherkommenden aufgelockerten Weise wiederzugeben (s. Abb. 32). Wie mehrfach schon bei Assurnassirpal II. wird die Brutalität der Kampfszenen bisweilen dadurch etwas gemildert, daß man unter ihnen kleinere Bildstreifen mit genreartigen Darstellungen von Lagerszenen, dem Leben der Verschleppten und mit Tierbildern anbringt. Sie sollten vielleicht zeigen, daß auch im Kriegsgebiet das Alltagsleben seinen Gang geht. Wir können erkennen, daß die Künstler gerade an solchen Bildern mit besonderer Freude gearbeitet haben.

Sanherib, der an den Arbeiten seiner Künstler gewiß großen Anteil genommen hat, erscheint uns nach dem allem als ein ungewöhnlich vielseitig begabter und mannigfach interessierter Herrscher. Wenn wir mehr Raum hätten, ließe sich auch über die theologischen und literarischen Interessen des Königs einiges sagen. In seinen letzten acht Regierungsjahren scheint er größere Kriege nicht mehr ge-

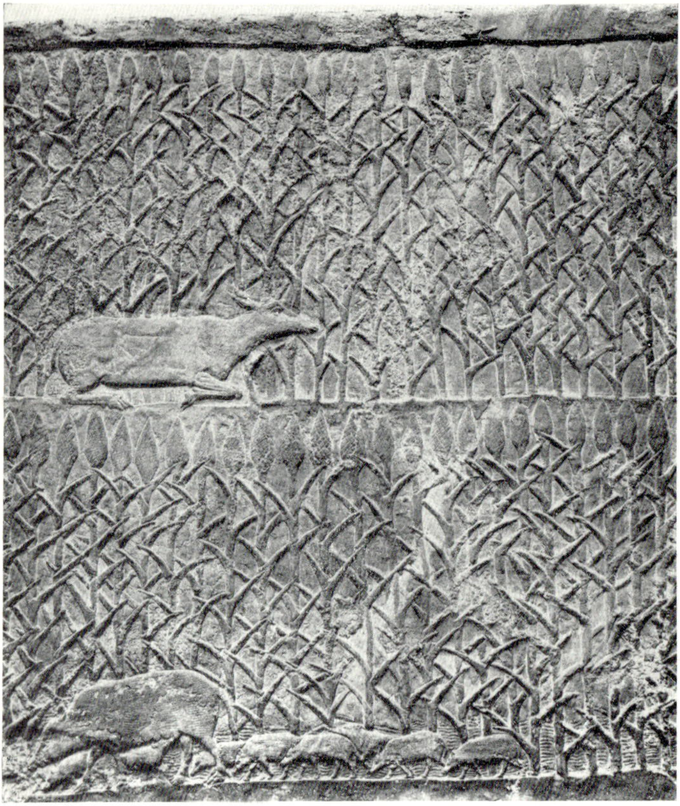

Abb. 31. Wildsau und Hindin im Schilfdickicht (aus einer Darstellung von Sanheribs Kämpfen in den Lagunen des Persischen Golfs).

führt zu haben. Trotzdem war diese Zeit im Inneren sicher keine ganz friedliche; erregte doch die Frage der Thronfolge die Gemüter aufs heftigste, weil hier anscheinend sehr verschiedenartige Interessen hineinspielten. Wir erfahren über diese Auseinandersetzungen nur aus den Inschriften von Sanheribs Nachfolger Assarhaddon einiges, so daß es zweckmäßig ist, davon erst im nächsten Kapitel zu handeln. Das Ergebnis berichten auch andere Quellen: Ende 681

Abb. 32. Sanheribs Truppen erstürmen einen bewaldeten Berg.

erhob sich ein Aufstand, in dem Sanherib von einem Sohn — so eine babylonische Chronik — oder zwei Söhnen — so die biblische Darstellung — wahrscheinlich im Tempel ermordet wurde. Die

Bibel sieht darin eine Folge der 20 Jahre vorher geschehenen Verhöhnung ihres Gottes; die Babylonier und viele Assyrer haben gewiß an eine Rache Marduks von Babylon gedacht, der nicht bereit war, vor Assur zu kapitulieren. Den Nachfahren hat sich Sanheribs maßloser Haß gegen Babylon und Jerusalem mehr eingeprägt als seine Leistungen für die Fruchtbarkeit des Landes und sein Kunstsinn; daher hat die Überlieferung sein Bild meist in sehr dunklen Farben gezeichnet.

12. Assarhaddon – Überheblichkeit und Angst

Assarhaddon (681 bis 669) konnte die Nachfolge seines Vaters nicht kampflos antreten, sondern mußte sich erst gegen seine älteren Brüder durchsetzen. Wie kam er als jüngerer Sohn dazu, Kronprinz zu werden? Seine Mutter Nakija stammte aus Syrien oder Palästina und muß eine energische und kluge, aber auch intrigante Frau gewesen sein, die noch unter der Regierung ihres Enkels eine Rolle spielte. Man nimmt vielfach an, daß sie es verstanden habe, Sanherib zu veranlassen, Assarhaddon unter Übergehung älterer Brüder zum Thronfolger zu machen. Assarhaddon selbst stellt es so dar, als hätten die Götter in der Opferschau zu erkennen gegeben, daß sie seine Nachfolge wünschten; darauf wären seine Brüder und Adel und Bürger der assyrischen Städte auf ihn als Kronprinzen vereidigt worden. Später hätten ihn seine Brüder dann beim Vater verleumdet, so daß er fliehen mußte, obwohl der Vater weiterhin seine Nachfolge gewünscht hätte. Die Brüder wären daraufhin „verrückt" geworden, hätten gefrevelt und untereinander um die Nachfolge gestritten, bis er endlich ihr Heer zur Übergabe gebracht und sich gegen alle seine Feinde durchgesetzt hätte. Von der Art des Todes seines Vaters sagt er nichts. Wenn wirklich die Brüder die Mörder waren, wie wir es zwischen den Zeilen wohl lesen sollen und wie es auch die biblische Überlieferung annimmt, warum verschweigt Assarhaddon dann diese Tat, wo er die Brüder sonst doch so schwer beschimpft? Mehrere Forscher haben vermutet, daß Assarhaddon die Ermordung des Vaters selbst veranlaßt habe, um seine endgültige Absetzung als Kronprinz zu verhindern. Aber hat ihn Sanherib denn überhaupt einmal als Kronprinz eingesetzt? Wie wir sehen werden, gehörte Assarhaddon zur babylonfreundlichen Partei in

Assyrien. Sollte Sanherib das nicht gewußt haben? Unwahrscheinlich! Warum aber macht er dann gegen alle Gewohnheit einen jüngeren Prinzen zum Thronfolger, der in der Babylonpolitik eine der seinigen entgegengesetzte Auffassung hatte? Sollte etwa der alte Sanherib die Zerstörung Babels als schweren Fehler erkannt haben? Wir sind nicht berechtigt, dazu eindeutig nein zu sagen, obschon diese Annahme bisher durch kein Quellenzeugnis nahegelegt wird. Wir können alle diese Fragen nur aufwerfen, aber auf Grund der verfügbaren Quellen nicht sicher beantworten. Eine Mitschuld Assarhaddons und seiner Mutter Nakija an der Ermordung Sanheribs ist auf alle Fälle wahrscheinlich, mag er nun der designierte Nachfolger gewesen sein oder sich erst selbst dazu gemacht haben. Vieles in seinem späteren Verhalten deutet auf ein Schuldgefühl, von dem er sich nicht freimachen konnte.

Babylon gegenüber hat er die neue Politik sofort nach Regierungsantritt eingeleitet: Er gab sogleich den Befehl, den Wiederaufbau Babylons und seiner Tempel zu beginnen und schnell voranzutreiben. Die Inschriften, die das berichten, erwähnen auch die voraufgegangene Katastrophe und bezeichnen sie als ein von den Babyloniern verdientes Strafgericht des Gottes Marduk von Babylon; daß Sanherib Babylon zerstört hat, wird aber mit keinem Wort gesagt: „(durch eine Überschwemmung) fielen der Tempel Esangila und Babylon in Ruinen"! Assarhaddon mußte offenbar eine klare Stellungnahme zu Sanheribs Tat umgehen und versteht es auch hier wieder, mit vielen Worten die entscheidenden Tatsachen zu verdunkeln. Sein eigenes Handeln bezeichnet er als von Marduk befohlen, der in seiner großen Barmherzigkeit die Strafzeit für Babylon verkürzt habe. In Übereinstimmung mit der neuen Babylonpolitik ließ er auch an den Tempeln anderer babylonischer Städte Bauarbeiten durchführen und tat noch mancherlei anderes für das schwer leidende Land. Da er die Herrschaft überdies wieder nur unter dem Titel eines „Statthalters von Babylon" ausübte, hat er weite Kreise in Babylonien mit der assyrischen Herrschaft ausgesöhnt. Damit der Kurswechsel in Assyrien nicht zu sehr verstimmte, trug er Sorge, die dortigen Städte ebenfalls nicht zu vernachlässigen und auch ihre Wünsche nach Möglichkeit zu erfüllen.

Assarhaddon war offenbar nicht aus dem harten Holz seines Vaters geschnitzt und diesem wohl auch an Begabung durchaus nicht ebenbürtig. Trotzdem konnte er, gestützt auf die offenbar von sehr tüchtigen Generälen geführte gewaltige Militärmacht des Reiches, verschiedene bedeutsame Erfolge erringen. Kämpfe mit den Aramäern vor allem Südbabyloniens und dem zeitweilig wieder mit diesen zusammenarbeitenden Elam blieben auch ihm nicht erspart. Nach mehreren Niederlagen zog Elam aber seit 675 vor, mit Assur in ein Vertragsverhältnis zu kommen, durch das in Babylonien Ruhe einkehrte. Assarhaddon verzichtete auf allzu blutige Strafgerichte an den Aramäerstämmen und förderte dadurch auch von sich aus die Befriedung. Weitaus folgenreicher waren die Kämpfe im Westen und Südwesten. Schon 679 wurde eine Grenzfestung in Südpalästina gegen Ägypten besetzt und 677 ein Aufstand in Sidon blutig niedergeworfen, worauf die fast uneinnehmbare Inselfestung Tyrus wenigstens ein Vertragsverhältnis suchte und auch die griechischen Dynasten Zyperns Geschenke schickten. Hinter den Aufständen stand wieder das von dem Äthiopierkönig Taharka (690 bis 664) beherrschte Ägypten. Daher wurde jetzt der vielleicht schon von Sanherib gefaßte Plan einer Eroberung des reichen Ägypten mit aller Energie betrieben, um das letzte starke Widerstandszentrum auszuschalten. Ein erster Versuch 674-73 mißlang; im Jahre 671 aber glückte es den Assyrern unter dem General Scha-Nabû-schu, die Äthiopier zu schlagen und nach Ägypten einzudringen. Die nördliche Hauptstadt Memphis wurde schnell erobert und eine gewaltige Beute gemacht. Die äthiopischen Truppen wurden vertrieben und im Lande 22 Gaufürsten mit assyrischen „Beratern" eingesetzt, die regelmäßig Tribut zahlen mußten. Da die äthiopische Herrschaft in Ägypten gleichfalls verhaßt gewesen war, fand sich dieses zunächst mit der neuen Lage ab. Assarhaddon ließ sich jetzt große Stelen setzen, von denen eine in Sendschirli in Syrien wiederaufgefunden wurde (Abb. 33). Wir sehen den König auf dieser überlebensgroß dargestellt und vor ihm den Taharka von Äthiopien (kniend) und König Ba'al von Tyrus in flehender Stellung; beide haben nur ein Drittel seiner Größe und werden von ihm an einem Nasenseil gehalten. Die Stele zeugt von einer selbst in Assyrien ungewöhnlichen Überheblichkeit und Unwahrhaftigkeit, weil keiner von beiden je in seine Hand gefallen war. In der Inschrift nennt er sich nicht nur König von Unter- und Oberägypten, sondern auch von Kusch, d. h. Nubien-Äthiopien, obwohl die assyrischen Truppen schon den Süden Oberägyptens nicht mehr betreten hatten. In einer anderen Inschrift behauptet er, daß sich ihm neben den Fürsten von Zypern auch die Könige von Griechenland („Jawan“) bis hin nach Tarsis in Spanien unterworfen hätten. Als „realer“ Hintergrund hierfür käme allenfalls in Frage, daß die Assyrer über die phönikischen Städte nun auch im westlichen Mittelmeer Handelsbeziehungen anknüpften. Es verwundert daher nicht, wenn Assarhaddon den Bewohnern dieser Länder jetzt das alte Sprichwort „Wohin soll der Fuchs vor der Sonne fliehen?“ in anmaßender Umdeutung auf sich selbst in den Mund legt.

Abb. 33. 3,20 m hohe Stele Assarhaddons, der feindliche Könige am Nasenseil hält.

In gleicher Weise spricht der König auch von den Feldzügen in die armenischen und iranischen Gebirge, die er höchstens zu einem Teil selbst geleitet hat. Wenn wir die geographischen Bezeichnungen richtig deuten, scheinen seine Truppen in einzelnen Vorstößen tatsächlich weit nach Inneriran bis in die Gegend von Teheran und bis zur großen Salzwüste Kevir gekommen zu sein, wobei die medischen Fürsten anscheinend keinen nachhaltigen Widerstand leisten konnten.

Von einer wirklichen Eroberung dieser Gebiete kann allerdings keine Rede sein, und andere Quellen belehren uns, daß es den Assyrern gerade im Gedanken an Iran damals gar nicht wohl war.

Wir hatten schon früher darauf hingewiesen (S. 36), daß die Könige von Babylonien vor allen wichtigen Unternehmungen und demgemäß auch vor Feldzügen die Götter vor allem durch die Opferschau zu befragen pflegten, ob das Vorhaben Erfolg haben würde. Die Eingeweideschau bot genügend Möglichkeiten, um jeweils das Gewünschte als Willen der Götter herauslesen zu können. Diese Anfragen wurden dem Gott in der Regel wohl schriftlich eingereicht; sie sind uns trotzdem nur in ziemlich geringer Zahl erhalten geblieben. Nun kann es kein bloßer Zufall sein, daß wir aus der kurzen Regierungszeit Assarhaddons Bruchstücke von etwa 200 solcher Anfragen haben, die sich mit Fragen der Außen- wie der Innenpolitik beschäftigen. Diese Anfragen zeigen, daß der König mit seiner ungewöhnlichen Großsprecherei nur die Angst bemänteln will, die ihn in Wirklichkeit so oft gepackt hat. Einige Sätze aus einer solchen Anfrage mögen das verdeutlichen. Es heißt da: „Schamasch, großer Herr, beantworte mir mit zuverlässiger Zusage, was ich dich frage! Wird innerhalb der kommenden 100 Tage und Nächte ... Kaschtarit mit seinen Leuten oder denen der Kimmerier oder Meder oder Mannäer oder anderer Feinde sinnen und planen und ... mit Gewalt oder in der Feldschlacht oder durch Belagerung ... oder Hunger oder Eide oder freundliche Überredung oder irgendwelche Arglist die Stadt Kischassu einnehmen?" Also, es ist hier nicht nach dem Erfolg einer eigenen Unternehmung, sondern nach dem eines befürchteten feindlichen Angriffs gefragt, und solcher Anfragen gibt es noch mehr, gerade auch mit Bezug auf Kaschtarit. Woher diese Angst vor ihm? Kaschtarit/Kschatrita ist ein von den Griechen Phraortes genannter König des indogermanischen Volkes der Kimmerier, die, aus Rußland kommend, um 750 über den Kaukasus nach Armenien einbrachen, dem Reich Urartu schwere Schläge zufügten (S. 95) und 690 das Phrygerreich in Kleinasien vernichteten. Ein Teil dieses Volkes, das überall Schrecken verbreitete, drang nach 700 nach dem medischen Westiran vor und mußte hier auf die in diesen Gebieten verstreuten assyrischen Festungen stoßen. Es scheint, daß die Assyrer Grund zur Befürchtung hatten, die Kimmerier würden sich mit Medern, Mannäern und anderen Völkern Irans, mit denen die Assyrer seit über 150 Jahren immer wieder kämpften, zusammentun und zum Angriff auf Assyrien selbst ansetzen. Einer solchen Absicht offensiv zu begegnen, hatte Assarhaddon damals wohl nicht die Möglichkeit.

So wartete er ab, und die durch das Warten gesteigerte Sorge und Angst schlug sich in den Orakelfragen nieder. Assyrien hatte Glück. Einmal waren die Kimmerier in sich wohl nicht geschlossen genug, um einen Großangriff gegen die stärkste Militärmacht von damals wagen zu können; zum anderen fand Assarhaddon unerwartet einen Bundesgenossen. Hinter den Kimmeriern waren nämlich die gleichfalls indogermanischen Skythen über den Kaukasus gekommen; Skythen und Kimmerier waren aber anscheinend schon seit langem verfeindet. So kam es, daß nach einem kleineren Zusammenstoß zwischen Skythen und Assyrern der Skythenkönig Partatua (griech. Protothyes) Assarhaddon um seine Tochter bat, also ein Bündnis erstrebte. Assarhaddon befragte auch deswegen die Götter, erhielt offenbar zustimmenden Bescheid und schloß den Vertrag. Damit war mit Hilfe der Skythen die Kimmeriergefahr zunächst gebannt. Übrigens hat der König wegen dieser Gefahr und anderer äußerer wie innerer Schwierigkeiten nicht nur Opferschauer befragt, sondern sich auch von ekstatischen Priestern und Priesterinnen Gottessprüche geben lassen, in denen immer wieder der Satz vorkommt: „Fürchte dich nicht." Diese Sprüche erinnern in ihrer Form bisweilen an biblische Prophetensprüche, lassen freilich von dem dort so eindrucksvoll hervortretenden Ernst der göttlichen Forderung wenig merken und klingen immer tröstlich aus. Es gibt auch andere Anzeichen dafür, daß es damals eine der prophetischen Bewegung in Juda wenigstens entfernt vergleichbare Bewegung auch in Assyrien gegeben hat. Die Angst vor kommenden Katastrophen mag diese ebenso gefördert haben wie ein nachlassendes Vertrauen zu den überlieferten Kulten. Eine Anspielung darauf scheint das biblische Buch Jona zu enthalten.

Es waren aber keineswegs nur äußere Gefahren, die Assarhaddon immer wieder besorgt die Götter fragen ließen. Die schon unter seinen Vorgängern so oft hervorgetretenen inneren Spannungen in Assyrien sind unter seiner Regierung nicht schwächer, sondern offenbar noch stärker geworden. Die Folge ist, daß der König oft unsicher ist, ob er seinen höheren Beamten wirklich vertrauen kann.

Deshalb wendet er sich vor allem vor Ernennungen immer wieder an die Götter, um von ihnen Auskunft über den jeweiligen Kandidaten zu erhalten. Wir dürfen gewiß sein, daß die Priester die ihnen damit gegebene Möglichkeit, auf die Personalpolitik im Reich Einfluß zu gewinnen, weidlich ausgenützt haben. Eine die Gemüter besonders erregende Frage war auch jetzt wieder die Regelung der Thronfolge. Assarhaddons ältester Sohn muß spätestens bald nach seiner Ernennung zum Kronprinzen gestorben sein. Gegen den zweiten Sohn, Schamaschschumukin, intrigierte wegen seiner babylonfreundlichen Einstellung die nationalassyrische Partei und setzte sich für den noch jüngeren Assurbanipal ein, der ursprünglich ein Priester hatte werden sollen. Es gelang ihr, gewiß mit nachhaltiger Unterstützung des ehrgeizigen Prinzen, den König von der mangelnden Eignung Schamaschschumukins zu überzeugen und ihn (wohl 672) zur Einberufung einer Art von Reichstag zu veranlassen, auf dem die Assyrer auf Assurbanipal als Nachfolger vereidigt wurden. Um die Parteigänger des Schamaschschumukin nicht ganz vor den Kopf zu stoßen, wurde diesem das Königtum über Nordbabylonien zugesprochen; die oberste Gewalt sollte allerdings auch da Assurbanipal behalten. Es ist verständlich, daß dieser Kompromiß auf starken Widerstand stieß. Ein Hofbeamter schrieb dem König empört: „Was im Himmel nicht getan wurde, hat mein Herr König auf der Erde getan und uns gezeigt!" Gewisse Militärkreise konten sich mit dieser Lösung nicht abfinden und erhoben 670 die Fahne des Aufruhrs, der von Assarhaddon jedoch blutig niedergeschlagen wurde. Aber es gab nicht nur Proteste und offenen Widerstand, sondern auch eine mit Decknamen getarnte literarische Propaganda gegen die innere Politik des Königs. Die davon erhaltenen Reste, zu denen eine sehr merkwürdige Erzählung von der im Traum erlebten Unterweltsfahrt eines assyrischen Kronprinzen gehört, sind freilich so dürftig, daß die einzelnen Anspielungen uns zumeist unverständlich bleiben.

Die Angst, die den König angesichts der geschilderten äußeren und inneren Schwierigkeiten immer wieder befiel, hat seine Priester veranlaßt, zu seiner Beruhigung noch einen anderen, ziemlich grausigen Weg zu beschreiten. Das Jahr 671 brachte am 2. Juli und 27. Dezember zwei totale Mondfinsternisse. Nach den astrologischen Vorzeichensammlungen bedeutete das für den König von Babylonien, damals also Assarhaddon, Unheil. Um es abzulenken, erinnerte man sich eines Ritus, der um 1800 schon einmal durchgeführt worden war. So wie man bösen Dämonen, um sie vom Kranken abzulenken, ein Bild dieses Kranken als Opfer hinstellte, setzte man für den vom Unheil bedrohten König vorübergehend einen Ersatzmann, in diesem Fall freilich einen lebendigen Menschen, ein, damit sich die bösen Himmelszeichen an diesem erfüllten. Damals, vor 1100 Jahren, war der König freilich trotzdem gestorben und der für ihn eingesetzte Scheinkönig an seiner Statt richtiger König geworden. Jetzt, unter Assarhaddon, wurde in der Stadt Akkad der Sohn eines kleinen Beamten auf Grund eines Orakels als sog. Ersatzkönig ermittelt und dort für 100 Tage als „König" eingesetzt. Assarhaddon wurde während dieser Zeit „Bauer" genannt, und man redete ihn in Briefen „mein Herr Bauer" an. Tatsächlich überlebte Assarhaddon die 100 Tage; der unglückliche Ersatzkönig aber starb — gewiß nicht ohne Nachhilfe — und wurde wie ein König bestattet. Seine Frau mußte ihm, wie es scheint, in den Tod folgen. Die babylonische und assyrische Religion kennt anders als zum Beispiel die phönikische seit alters keine Menschenopfer. Wie groß muß die Angst damals gewesen sein, daß man zu einem Ritus Zuflucht nahm, der doch als ein verkapptes Menschenopfer bezeichnet werden muß!

Wir wissen von dieser Episode fast nur aus Briefen an den König. Solche Briefe seiner Beamten sind in großer Zahl erhalten, viele davon leider nur sehr unvollständig. Wir erfahren aus ihnen auch, daß Assarhaddon schon ziemlich früh kränkelte und daß sein sonst offenbar tüchtiger und erfolgreicher Leibarzt Arad-Nanâ ihm weder mit medizinischen noch mit magischen Mitteln recht helfen konnte. Die Krankheit mag des Königs Angst verstärkt haben; wenn er am Morde seines Vaters wirklich beteiligt war, mußte er sie als Sündenstrafe der über das Recht wachenden Götter ansehen. Die Briefe bezeugen uns ferner, wie groß der persönliche Einfluß bestimmter Astrologen und Priester auf den offenbar nicht immer einer klaren Linie folgenden König war. Eine besonders interessante Persönlichkeit unter diesen war der auch noch unter Assurbanipal Dienst tuende Priester Adadschumussur. Er war es, der den König auch bei der Durchführung der eben erwähnten Ersatzkönigsriten maßgeblich beriet. Ein hochgebildeter, vielleicht sogar literarisch tätiger Mann, wußte, er, wie man mit Königen umgeht, und konnte je nach Bedarf die Überlegenheit des Alters ausspielen, persönlich gekränkt oder gar empört sein oder massive, aber oft glänzend formulierte Schmeicheleien häufen. Für solche Schmeicheleien war später Assurbanipal wohl noch empfänglicher als Assarhaddon; doch ließ sich schon dieser gern „ein Spiegelbild des Gottes" nennen, dessen „Schutz über allem gut" sei. Immer scheint der Hofmann mit den so oder ähnlich eingekleideten Wünschen freilich nicht Erfolg gehabt zu haben.

Assarhaddon war wie seine Vorgänger ein großer Bauherr, der neben dem von ihm sehr eifrig betriebenen Tempelbau auch die Paläste und sonstigen Staatsbauten nicht vernachlässigte. Den Bildkünstlern scheint er allerdings nicht sehr viele Aufträge gegeben zu haben; jedenfalls ist aus seiner Regierungszeit außer einigen künstlerisch nicht sehr wertvollen Stelen wenig erhalten. Von den assyrischen Hauptstädten bevorzugte er anscheinend wieder Kalach. Dort war der große Palast Tiglatpilesars III. aus uns unbekannten Gründen schon damals stark verfallen. Assarhaddon kam auf den merkwürdigen Gedanken, diesen Palast für sich so „auszuschlachten", daß er Reliefplatten daraus entnahm und mit der Rückseite nach vorn in seinen Palast einbaute. Zur Einmeißelung neuer Reliefs auf den Rückseiten, die gewiß geplant war, ist es dann zumeist allerdings nicht mehr gekommen. Wir dürfen danach vermuten, daß Assarhaddon von dem Kunstsinn seines Vaters und Großvaters und deren die Künstler beflügelnder Gestaltungskraft wenig geerbt hatte, wie er überhaupt unter den letzten großen Herrschern Assyriens als die am wenigsten schöpferische Persönlichkeit erscheint.

Die aus den Mondfinsternissen abgelesenen bösen Vorzeichen wurden durch den Tod des Ersatzkönigs nur scheinbar gebannt; dem König war nur noch eine kleine Frist gegönnt. 669 kam die Nachricht, daß drei der in Ägypten 671 eingesetzten Gaufürsten in Zusammenarbeit mit dem Äthiopier Taharka dort einen Aufstand erregt hätten. Da mußte sofort eingegriffen werden. Der General Scha-Nabû-schu wurde vorausgeschickt; Assarhaddon selbst hielt es für notwendig zu folgen. Damit hatte er aber seinem seit Jahren kränkelnden Körper zuviel zugetraut; bereits auf dem Marsch wurde er ernstlich krank und starb in Syrien oder Palästina. Der Feldzug wurde später von dem General allein zu Ende geführt: der Aufruhr in Ägypten wurde niedergeworfen.

13. Assurbanipal führt das Reich zu einer letzten Blüte

Der Tod Assarhaddons fern der Heimat konnte bei der eigenartigen Regelung der Thronfolge leicht schwere innere Auseinandersetzungen in Assyrien auslösen. Daß es dazu nicht kam, war anscheinend zu einem beträchtlichen Teil das Verdienst der Großmutter Nakija (s. S. 118), die hinter Assurbanipal stand und in einem noch erhaltenen, energischen Brief über die geringsten Anzeichen eines Widerstandes umgehenden Bericht forderte. Die Thronbesteigung Assurbanipals (669 bis 630) vollzog sich daher unbehindert. Er mußte sich allerdings damit abfinden, daß auch sein älterer Bruder Schamaschschumukin (669 bis 648) den ihm bestimmten Thron in Babylon bestieg. Es kann nach den für diese Zeit recht ausgiebigen Quellen nicht zweifelhaft sein, daß Assurbanipal seinem Bruder an vielseitiger Begabung und Ernergie weit überlegen war; seine Ernennung zum Thronfolger hatte also durchaus im Interesse des Reiches gelegen. In einer seiner überaus lebendig abgefaßten Inschriften erzählt er uns, was er in seiner Jugend alles gelernt habe: „Ich eignete mir den verborgenen Schatz, die gesamte Tafelschreiberkunst an, kenne die Vorzeichen am Himmel und auf der Erde, diskutiere in der Versammlung der Gelehrten, deute zusammen mit tüchtigen Leberschauern Leberomina . . . , löse komplizierte, undurchsichtige Divisions- und Multiplikationsaufgaben, las immer kunstvoll geschriebene Tafeln in schwer verständlichem Sumerisch und mühsam zu entzifferndes Akkadisch, habe Einblick in die ganz unverständlichen Schriftsteine aus der Zeit vor der Sintflut zusammen mit einer auserwählten Schar. Dieses tat ich den ganzen Tag: Ich bestieg immer wieder Rosse, ritt feurige Vollblüter, nahm den Bogen, ließ, wie es einem Krieger ziemt, Pfeile fliegen, schleuderte schwerste Lanzen wie einen Pfeil, hielt die Zügel, lenkte wie . . . allerlei Fahrzeuge, verfertigte immer wieder wie Waffenschmiede Tartschen und Schilde, verstehe mich auf den Beruf aller Gelehrten". Auch wenn wir diese erstaunlichen, in der Art nirgends sonst zu lesenden Behauptungen mit gebührender Kritik aufnehmen, bleibt der Eindruck einer ungewöhnlich vielseitigen, geistigen und körperlichen Erziehung des Prinzen bestehen. Vermutlich gab es wenig Könige, die die komplizierte Keilschrift auch nur lesen konnten. Inschriften und Briefe des Königs bestätigen, daß er in der Tat eine umfassende Bildung hatte. Nach seiner Ernennung zum Kronprinzen wurde er auch mit den Regierungsgeschäften gründlich vertraut gemacht und gewann bald auf die Ernennung von Beamten und andere Entscheidungen großen Einfluß. Auf seinen hohen Beruf war er also ausgezeichnet und wirklich allseitig vorbereitet worden.

Nach den Jahren Assarhaddons mit ihrer Angst vor Katastrophen müssen nicht wenige den Regierungsantritt Assurbanipals als Anfang einer neuen, schöneren Zeit begrüßt haben. Der alte Adadschumussur (S. 125) gibt dem in einem Briefe ganz überschwenglichen Ausdruck. Aber auch einige Inschriften des Königs selbst geben eine märchenhaft klingende Schilderung der nun angebrochenen Segenszeit in Anlehnung an die Unterscheidung von Fluch- und Segenszeiten bei den alten Sumerern: „Adad sandte seine Regengüsse, Ea öffnete seine Quellen, so daß das Getreide 5 Ellen hoch wuchs mit $^5/_6$ Ellen langen Ähren". Vermutlich brachte das erste Jahr Assurbanipals eine Rekordernte, die es ermöglichte, der Not überall wirksam zu begegnen; 30 Jahre später erzählte man sich dann von 42 cm langen Ähren! Die lange Regierungszeit Assurbanipals hielt aber durchaus nicht das, was sie anfangs zu versprechen schien; denn es gab neben einigen großen außenpolitischen Erfolgen mehrfach empfindliche Rückschläge, die freilich zunächst nur entfernte Grenzprovinzen betrafen und darum in Assyrien selbst vielleicht nicht so spürbar wurden. Der empfindlichste Rückschlag war wohl der Verlust des gerade erst eroberten Ägypten. Zwar wurde 664 nach dem schon erwähnten Aufstand von 669 (S. 126) auch ein neuer Aufstand einiger Gaufürsten im Bunde mit den Äthiopiern blutig niedergeworfen, da mehrere Fürsten die Assyrer den südlichen Feinden vorzogen; die südägyptische Hauptstadt Theben wurde für ihren Widerstand ausgeplündert. Um 656 konnte aber der von Assurbanipal selbst bestätigte Gaufürst Psammetich von Sais mit Hilfe griechischer und karischer Söldner die assyrischen Besatzungen endgültig vertreiben. Ein Versuch zur Wiedereroberung unterblieb, und Ägypten war von Assyrern und Äthiopiern zugleich frei. Die Folge war, daß sich nun auch die phönikischen Küstenstädte, ohne die Fahne des Aufruhrs offen zu erheben, in zunehmendem Maße von der Bevormundung durch die assyrischen Statthalter freimachten und ihre eigene Politik trieben. Das Binnenland in Syrien und Palästina blieb allerdings noch fest in assyrischer Hand; die Deportationspolitik hatte dort die Grundlagen für einen nationalen Widerstand zerstört. Ebenso zogen es die Fürsten des südlichen Kleinasien vor, durch Übersendung von Geschenken und Prinzessinnen für den Harem des Großkönigs seinen immer noch gefürchteten militärischen Aktionen vorzubeugen. Diese Fürsten hatten freilich ebenso wie der König des Reststaates von Urartu in Armenien einen anderen Feind an ihren Grenzen, der ihnen einen noch größeren Schrecken einjagte, nämlich die Horden der Kimmerier in Nordostkleinasien. Zwar reichte deren Macht jetzt nicht mehr aus, um Assur in Angst zu versetzen; für die kleineren Staaten Kleinasiens waren sie aber noch gefährlich genug, um Tribute an Assyrien zum kleineren Übel zu machen. Selbst der aus Hebbels Drama bekannte König Gyges von Lydien im fernen Westkleinasien sollte zu seinem Schaden erfahren, daß sich ein kleinerer Staat nicht allein auf seine eigene Kraft verlassen kann. Er suchte zunächst gegen die Kimmerier Anlehnung an Assurbanipal, unterstützte aber dann, vielleicht weil er keine genügend konkreten Zusagen erhalten hatte, die aufständischen Ägypter wirksam gegen Assyrien mit dem Erfolg, daß der erzürnte Assurbanipal, wie er uns erzählt, den Gott Assur um Bestrafung des Abtrünnigen bat. Als dann Gyges, nunmehr isoliert, 652 bei einem Angriff der Kimmerier Thron und Leben verlor, faßte das Assurbanipal triumphierend als eine Erhörung seines Gebetes auf. Gyges' Sohn Ardys ließ darauf durch einen Gesandten schleunigst seine Ergebenheit erklären.

Es war allerdings dafür gesorgt, daß Assurbanipal 652 nicht zu laut triumphierte. Es war zu erwarten gewesen, daß sich Schamaschschumukin auf die Dauer nicht mit der ihm zugedachten kümmerlichen Rolle eines nur halb selbständigen Königs von Babylon abfinden würde. Es scheint auch, daß Assurbanipal nichts getan hat, um ihm seine schwierige Stellung menschlich und politisch zu erleichtern. So befestigte Schamaschschumukin die ihm unterstellten Städte und suchte nach Bundesgenossen für einen Aufstand gegen seinen Bruder. Der weitverbreitete Haß gegen Assyrien ließ sie ihn leicht finden: der größte Teil Babyloniens mit seinen Aramäerstämmen, die nordarabischen Araberstämme, syrische und westiranische Fürsten, Ägypten und vor allem Elam machten gemeinsame Sache mit ihm. Obwohl der Aufstand Assurbanipal anscheinend überraschte, gelang es ihm doch, eine Vereinigung der Verbündeten zu verhindern und sie einzeln zu schlagen, wobei ihm innere Streitigkeiten in Elam, die dessen Angriffskraft schwächten, zustatten kamen. Schamaschschumukin wurde 650 in Babylon eingeschlossen und die für eine Erstürmung zu starke Festung im Lauf von zwei Jahren ausgehungert. Ein mißglückter Versuch der auf Kamelen kämpfenden Araberstämme, sie zu entsetzen, beschleunigte nur das Ende, weil die Araber in der Festung Aufnahme suchen mußten; die Vorräte erschöpften sich dadurch noch schneller. Assurbanipal sah es als göttliches Strafgericht an, daß die Babylonier ihren Hunger lieber mit Lederbeschlägen und ihren eigenen Kindern stillten, als sich den Assyrern zu ergeben. Als diese 648 in die Stadt eindrangen, stürzte sich Schamaschschumukin in die Flammen seines brennenden Palastes. Die Assyrer richteten ein grauenhaftes Gemetzel an, das Assurbanipal aus nicht ganz durchsichtigen Gründen als eine Vergeltung für die Ermordung Sanheribs bezeichnete. Sie zerstörten die Stadt aber nicht noch einmal, sondern ließen den Rest der Bewohner am Ort bleiben und stellten die Tempelkulte wieder her. Als König von Babylon erscheint in den Urkunden jetzt ein gewisser Kandalanu, der vielleicht mit Assurbanipal identisch ist; dieser hätte dann ebenso wie vor ihm Tiglatpilesar III. und Salmanassar V. (S. 92 und 94) in Babylon einen anderen, nicht mit einem assyrischen Gottesnamen gebildeten Namen geführt.

Der gefährlichste Feind Assyriens und Bundesgenosse Babylons war auch dieses Mal wieder Elam gewesen; Assurbanipal setzte daher alles daran, um ihn endgültig auszuschalten. Nach jahrelangen wechselvollen Kämpfen gelangte er 639 ans Ziel, wobei ihm Thronstreitigkeiten und Bruderkämpfe in Elam selbst Vorschub leisteten. Die Hauptstadt Susa wurde mit ihrem Haupttempel ausgeplündert und ganz zerstört. Elam, das über 2000 Jahre lang ein wichtiger Faktor in der Geschichte Vorderasiens gewesen war, verschwindet nun aus der Geschichte. Assyrien sollte allerdings bald merken, daß es mit diesem Sieg nur einem viel gefährlicheren Gegner den Weg geöffnet hatte.

Von den übrigen Kriegen Assurbanipals, die er wohl durchweg durch seine Generäle führen ließ, verdienen noch die Feldzüge gegen die Araber des nördlichen Arabien eine Erwähnung. Die assyrischen Siege in den Wüstenschlachten hatten zwar keine weitreichenden Folgen; es wird aber hier spürbar, wie die Wüste Arabiens ihre Scharen erneut gegen das Kulturland anbranden läßt. Die Araber stellen die letzte der großen Semitenwellen dar, die weltgeschichtliche Bedeutung gewann. Zunächst waren sie allerdings noch für Jahrhunderte zu uneinig und zu schwach, um den Groß- und Weltmächten in Vorderasien ernstlich gefährlich zu werden.

Assurbanipal muß als Politiker und auch als Mensch seinem Großvater Sanherib viel ähnlicher gewesen sein als seinem Vater Assarhaddon. Auch er war sehr zäh in der Verfolgung seiner Ziele und den Babyloniern wenig freundlich gesonnen, und er wußte wie Sanherib auch um die Bedeutung geistiger Waffen im politischen Kampf. Die Maßlosigkeit Sanheribs und die Grenzenlosigkeit seines Hasses hat sich auf den Enkel allerdings nicht in gleicher Weise vererbt. Assurbanipal war zweifellos nüchterner in der Beurteilung der jeweiligen Lage, dabei freilich ohne wirklichen Weitblick und ohne die Kraft zu eigenen, neuen politischen Konzeptionen, eine Schwäche, die bald schwerwiegende Folgen haben sollte. Seine eigentliche Bedeutung liegt daher trotz mancher Erfolge weniger auf dem politischen Gebiet als darin, daß er es noch einmal verstanden hat, die geistigen Kräfte Assyriens und Babyloniens in besonderer Weise zu aktivieren. Gewiß dürfen wir nicht übersehen, eine wie große Rolle seine ungewöhnliche Eitelkeit bei der Förderung von Kunst und Gelehrsamkeit gespielt hat. Es wäre aber doch ungerecht, dem vielseitig begabten und gebildeten König jedes echte Interesse an der Arbeit seiner Künstler und Gelehrten abzusprechen. Vor allem eine Maßnahme hat seinen Namen nun schon seit 100 Jahren besonders berühmt gemacht: unseres Wissens hat er in seinem Palast in Nineveh als erster Herrscher des Orients eine große Bibliothek aufgebaut. Diese sollte die gesamte Keilschriftliteratur in sumerischer und akkadischer Sprache umfassen. Gewiß gab es in mehreren großen Tempeln auch schon vor ihm sehr umfangreiche Archive, die neben Verwaltungsurkunden und anderen Dokumenten auch viele literarische Werke sammelten und aufbewahrten. Wenn wir recht sehen, haben jedoch die Tempel vor allem solche Werke gesammelt, die für ihren Kult und die Ausbildung der Priester von Bedeutung waren, sich aber nicht um eine vollständige Erfassung der Überlieferung bemüht. Eine Ausnahme bildete außerhalb Babyloniens und Assyriens vielleicht das Palastarchiv der hethitischen Könige des 14. und 13. Jahrhunderts in ihrer zentralanatolischen Hauptstadt Hattusas; doch haben die Ausgrabungen seinen Umfang noch nicht deutlich erkennen lassen. Assurbanipal hingegen bemühte sich ohne Rücksicht auf unmittelbar praktische Zwecke, die gesamte ihm erreichbare literarische Überlieferung Babyloniens und Assyriens zu sammeln. Er ließ dabei für die Bibliothek in der Regel eine oder mehrere neue Abschriften von den Texten anfertigen; diese zeichnen sich vor manchen anderen Abschriften, die wir kennen, durch die Sorgfalt aus, mit der sie hergestellt sind. In den Unterschriften am Schluß der Tafeln bezeichnet sich der König gern selbst als Schreiber und Leser: „Die in geordneten Keilgruppen (d. h. Keilschriftzeichen) niedergelegte Weisheit des (Schreiber-)Gottes Nabû schrieb ich auf die Tafeln, prüfte und kollationierte (den Text) und legte sie in meinem Palast nieder, damit ich sie ansehen und immer wieder lesen kann". Ob er in Ausnahmefällen wirklich einmal selbst Tafeln geschrieben hat, wissen wir nicht; daß er sie lesen konnte, haben wir keinen Anlaß zu bezweifeln (s. schon S. 127). Diese Schloßbibliothek war gewiß allen Gelehrten zugänglich. Bei der Zerstörung Ninevehs wurden die Tafeln großenteils in viele kleine Stücke zerschlagen; aber die heutige Wissenschaft hätte ohne die Reste dieser Bibliothek bei ihren Bemühungen um die Wiedergewinnung der alten Literatur zweifellos weit größere Schwierigkeiten zu überwinden gehabt, als sie so schon gegeben waren. Die Begründung dieser Bibliothek darf daher als eine kulturelle Leistung von ungewöhnlicher Bedeutung gelten, auch wenn Assurbanipal dabei mehr Anregungen seiner gelehrten Priester als eigene Gedanken verwirklicht haben sollte. Daß die Ordnung und Kennzeichnung der Tafeln in Nineveh über die ionischen Kolonien in Westkleinasien auch das griechische Bibliothekswesen in seinen Anfängen befruchtet hat, haben verschiedene Einzelbeobachtungen recht wahrscheinlich gemacht.

Ebenso wie die Mehrzahl seiner Vorgänger hat Assurbanipal die Wände seines gewaltigen Palastes in Nineveh, dessen Gesamtanlage die bisherigen Ausgrabungen noch nicht haben erkennen lassen, mit langen Reihen von Reliefplatten geschmückt. Darstellungen von mythischen Wesen und Kulthandlungen scheinen in ihm keinen sehr großen Raum mehr eingenommen zu haben, wenn sie auch durchaus nicht ganz fehlten. Die meisten Bildreihen berichten in Ergänzung der überaus zahlreichen und kunstvoll gestalteten Inschriften von den Kriegen und Jagden des Königs. Ein Fortschritt über die Bildwerke des Palastes Sanheribs hinaus ist nur da und dort in Einzel-

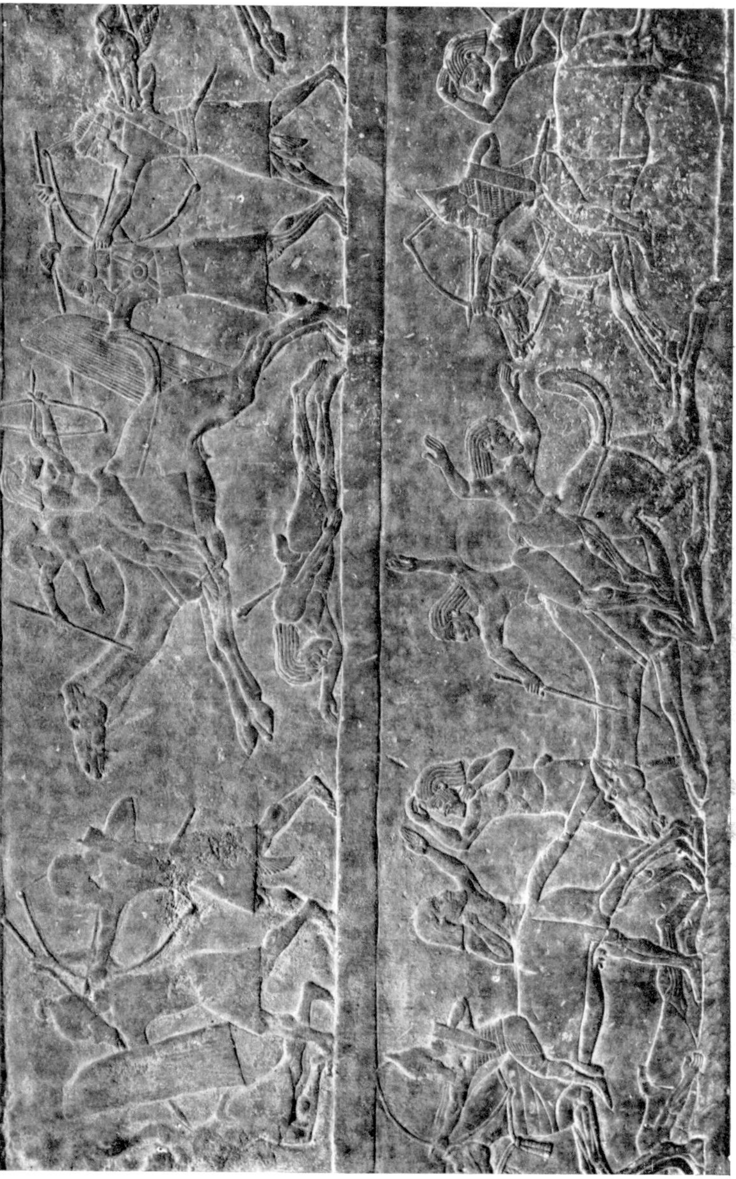

Abb. 34. Assurbanipals Truppen kämpfen mit arabischen Kamelreitern.

heiten wahrzunehmen. Die bei Sanherib erkennbaren Ansätze zu einer wirklichkeitsgetreuen Zeichnung des menschlichen Gesichts im Profil sind von den Künstlern Assurbanipals nicht weiterentwickelt worden. Die recht unbeholfenen Gestaltungen einiger figurenreicher Schlachtenbilder zeigen, daß die Künstler große zusammenhängende Bildflächen nicht recht zu gliedern vermochten. Sie zogen es daher

Abb. 35. Lagerszene aus einer Schlachtdarstellung in Assurbanipals Palast.

zumeist vor, die Bildfläche horizontal in 3 bis 4 schmale Streifen aufzuteilen und dann anstelle unübersichtlicher Gesamtbilder viele kleine Einzelszenen zu bieten. Besonders lebendig sind manche Bilder aus den Araberkriegen mit ihren Kamelschlachten (Abb. 34) und die liebevoll gezeichneten Lagerszenen (Abb. 35); wir verdanken ihnen viele höchst aufschlußreiche Einblicke in die Kampfformen des Wüstenkrieges und das Leben der Soldaten, Gefangenen und Deportierten. Mit Recht besonders berühmt sind aber die Bilder, auf denen der König Szenen aus seinen überaus zahlreichen Jagdunternehmungen darstellen ließ. Hier wird ein letztes Mal besonders eindrucksvoll sichtbar, wieviel lebendiger und lebensechter den assyrischen Künstlern die Tierbilder geraten als ihre oft so schematisch gezeichneten Menschenbilder. Am meisten begeistert hat sich auch Assurbanipal an der Löwenjagd, seit alters ein Vorrecht der Könige. Aus den von ihr handelnden großen Bildkompositionen können wir auch hier nur einen größeren Ausschnitt und eine Einzelfigur vorführen (Abb. 36 und 37). Die Meisterschaft, mit der die gewaltigen Tiere hier im Angriff und im Sterben unter den Pfeilen

Abb. 36. Ausschnitt aus den Bildfolgen, die Assurbanipals Löwenjagden darstellen. Unten opfert der König nach der Jagd.

der Jäger gezeichnet sind, ist noch niemals überboten worden. Das Schöne der Tiergestalten wird ebenso gezeigt wie die grauenvollen Verzerrungen im Todeskampf. Es wird auch nicht verhehlt, daß die

Abb. 37. Sterbende Löwin aus Assurbanipals Löwenjagdbildern.

Abb. 38. Ausschnitt aus einer Bildfolge, die Assurbanipals Jagd auf Wildpferde darstellt.

Jagdtiere manchmal vorher gefangen, in Käfigen ins Jagdgelände transportiert und dann aus den Käfigen den Pfeilen des Königs entgegengetrieben wurden — eine für unser Empfinden gewiß nicht waidgerechte Übung. Neben den Löwen waren Wildpferde und Gazellen bevorzugte Jagdtiere; auch aus ihrem Leben und Sterben haben die assyrischen Künstler überaus fein beobachtete Momente festgehalten (Abb. 38). Sie verstanden es auf diesen Bildern auch,

Abb. 39. Doggen mit Jägern Assurbanipals vor der Jagd.

Pfeile im Fluge so zu zeichnen, daß sie der Betrachter wirklich fliegen zu sehen glaubt. Nicht zuletzt galt die Liebe der Künstler den gewaltigen Doggen, die die Jäger begleiteten: wir sehen vor Beginn der Jagd, wie die Hundeführer sie nur mühsam an der Leine halten können (Abb. 39). Daß die Könige damals in der Jagd eine

Art von Gottesdienst sahen, bezeugen die Opfer, die über den getöteten Tieren dargebracht wurden.

Unsere Nachrichten über Assurbanipal, die anfangs so überaus reichlich fließen, brechen nach der Vernichtung Elams etwa mit dem Jahre 639 ab; als letztes erfahren wir noch, daß Kyros I. von Persien vermutlich gegen das mächtige Medien Anschluß an Assyrien suchte. Dann schweigen unsere Quellen, und wir wissen daher nicht, ob der schnelle Niedergang des assyrischen Reiches schon in den letzten Jahren Assurbanipals begann. Ebenso wissen wir nicht, ob der König eines natürlichen Todes gestorben ist; selbst das Todesjahr 630 ist nur geschätzt. So liegt das Ende Assurbanipals, während dessen ersten 30 Jahren die Macht und der Reichtum des Reiches trotz seiner unverkennbaren Brüchigkeit noch einmal glanzvoll in Erscheinung traten, für uns ganz im Dunkel. Auch die Bibel und die griechische Überlieferung berichten nichts darüber.

14. Das Ende Assyriens und die Chaldäerkönige in Babylon

Nach Assurbanipals Tode geht es unter den drei letzten Königen Assyriens mit dem Reich schnell bergab. Die einzelnen Etappen des Zusammenbruchs können wir aber noch nicht genau fassen. Über den Westen des bisherigen Reichs, vor allem Syrien, brauste bald nach 630 eine verheerender Sturm der früher mit Assyrien verbündeten Skythen; Assyrien konnte davor nur sein Kernland und Mesopotamien bewahren. Einige Jahre blieb auch noch Babylonien beim Reich; 626 jedoch machte sich ein Fürst der aramäischen Chaldäer in Südbabylonien, die Assyrien schon früher viel zu schaffen gemacht hatten, unter dem Namen Nabupolassar in Babylon zum König (626 bis 605) und begründete damit das sogenannte Chaldäerreich. Er nahm bald Verbindung mit Medien auf, das nach Abwehr eines Angriffs der Skythen unter Kyaxares (625 bis 585) zur Großmacht aufgestiegen war, um mit diesem gemeinsam das klein gewordene Assyrerreich zu vernichten. Trotz Unterstützung durch die Skythen und bald auch die Ägypter, die Assyrien jetzt als weniger gefährlich ansahen, war Assyrien dieser Koalition nicht gewachsen. Nach mehrjährigen schweren Kämpfen, in denen die assyrischen Heere zunächst noch einige Gegenschläge führen konnten, wurde

614 Assur und nach langer Belagerung 612 auch Nineveh von den Verbündeten eingenommen. Alle Städte Assyriens wurden völlig zerstört und die Mehrzahl der Bewohner getötet. Der in Jahrhunderten angestaute Haß gegen die assyrische Bedrückung tobte sich fürchterlich aus. Noch 200 Jahre später fanden die 10000 Griechen unter Xenophon das Land verlassen; die von ihnen angestaunten Stadtruinen hielten sie für medisch! Endgültig besiegelt war das Schicksal des Assyrerreichs mit der Zerstörung Ninevehs, in dessen Flammen der König Sin-schar-ischkun den Tod fand, allerdings noch nicht. Ein General, der den anspruchsvollen Namen Assur-uballit II. nach dem berühmten Befreier des Landes vor 750 Jahren (S. 63) annahm, konnte sich in Mesopotamien um Harran herum noch einige Jahre halten; 608 fiel aber auch diese Stadt. Bei der Teilung des Reiches bekam Babylonien den Süden und Westen mit Teilen Mesopotamiens, Syrien und Palästina, Medien aber den Norden und Osten mit Ostkleinasien. Die damals gezogene Grenze zwischen beiden Reichen wurde anscheinend, solange das Mederreich bestand, von beiden Seiten respektiert. Das südliche Syrien und Palästina mußte Babylonien allerdings erst den Ägyptern abgewinnen, die bei einem verspäteten Versuch, den Resten der assyrischen Heere zu Hilfe zu kommen, unter Necho (609 bis 594) weit nach Norden vorgestoßen waren. 605 schlug Nabupolassars Sohn, der damalige Kronprinz Nebukadrezar, bei Karkemisch am Euphrat die Ägypter so aufs Haupt, daß sie sich in ihr Land zurückziehen mußten.

Über die Persönlichkeit Nabupolassars können wir nicht viel sagen. In seinen wenigen Inschriften ist außer ganz kurzen Hinweisen auf die Vernichtung Assyriens nur von Bauten die Rede; im Stil ist eine bewußte Anknüpfung an die altbabylonischen Könige, vor allem Hammurabi, ja zum Teil an die Herrscher von Akkade erkennbar. Nabupolassar verschweigt seine niedrige Herkunft nicht, nennt sich selbst „Sohn eines Niemand“ und „Kümmerling“ und führt seine Erfolge nur auf die Hilfe des Gottes Marduk von Babylon und anderer Götter zurück; seine Titulatur bleibt auffällig bescheiden. Es scheint, daß seine Frömmigkeit echt war; abweichend vom herkömmlichen Stil beschließt er seine Inschriften mehrfach mit einem Gebet. Sein verhältnismäßig früher Tod verhinderte ihn, die Errichtung eines neuen babylonischen Großreichs selbst zu vollenden; auch seine Bauten hinterließ er großenteils unvollendet.

Sein Sohn und Nachfolger Nebukadrezar II. (in der Bibel durch Schreibfehler auch Nebukadnezar, babyl. Nabukudurrussur, 605 bis 562) war offenbar von einem ähnlichen Geist wie sein Vater beseelt. Aus seiner langen Regierung haben wir zahlreiche und zum Teil umfangreiche Inschriften, die seine vielen Bauten in Babylonien sehr ausführlich beschreiben und meist ebenfalls mit einem Gebet schließen. Er berichtet in den Inschriften nichts von Kriegszügen, sondern spricht nur hin und wieder in ganz allgemein gehaltenen Wendungen von der Niederwerfung Aufständischer und der Überwindung schwierigen Geländes bei solchen Unternehmungen. Wären wir auf diese Inschriften allein angewiesen, würden wir von den außenpolitischen Erfolgen des Königs nichts wissen und könnten auf den Gedanken kommen, sie wären nicht erheblich gewesen. Nachrichten im Alten Testament und bei griechischen Schriftstellern belehren uns jedoch trotz ihrer Lückenhaftigkeit und mancher sagenhafter Züge, daß er ganz im Gegenteil das, was er wollte, zumeist auch erreicht hat. Der Gedanke, sich durch Eroberungen ein Weltreich zu schaffen, lag ihm allerdings ganz fern. Ihm lag nur daran, den Teil des früheren Assyrerreichs, der bei der Teilung an Babylonien gefallen war, wirklich festzuhalten. Da Medien offenbar nicht versuchte, die festgesetzten Grenzen zu ändern, hatte er, abgesehen von den immer zu Unruhen geneigten Araberstämmen, nur einen großen Gegner, das war Ägypten mit seinen Ansprüchen auf Palästina und Syrien. Die Niederlage von Karkemisch 605 war für das ägyptische Heer nur deshalb nicht zu einer noch größeren Katastrophe geworden, weil in Babylonien gleich danach der Thronwechsel eingetreten war. Vielleicht hat Ägypten noch einmal einen direkten Angriff gegen Babylonien versucht; die Quellen lassen das nicht deutlich erkennen. Jedenfalls hat es aber an den wenigen Stellen, wo die assyrische Deportationspolitik noch kleine Nationalstaaten übrig gelassen hatte, zu Aufständen gehetzt und diese nach Möglichkeit unterstützt. So kam es zu den großen Aufständen von Juda und Tyrus. Juda wurde zuerst 598 niedergeworfen; ein großer Teil der Oberschicht mußte damals mit dem König Jojachin ins Exil nach Babylonien wandern. Trotzdem kam es zehn Jahre später gegen den Rat des Propheten Jeremia wiederum zum Aufstand.

Nach langer Belagerung wurde Jerusalem 587 erneut erobert und nun völlig zerstört. Nach einem vergleichsweise maßvollen Strafgericht wurde abermals ein großer Teil des Volkes ins Exil, die sogenannte Babylonische Gefangenschaft, geführt. Anschließend mußte die vom Lande aus fast uneinnehmbare Seefestung Tyrus 13 Jahre belagert werden, bis sie sich ergab; sie konnte aber ein gewisses Maß an innerer Selbständigkeit retten. Einen Angriff auf Ägypten selbst, das doch der eigentliche Feind war, hat Nebukadrezar in weiser Selbstbeschränkung nicht unternommen.

Wie schon seine Inschriften zeigen, galt das eigentliche Interesse des Königs weniger diesen kriegerischen Unternehmungen als dem Wiederaufbau und der Sicherung seines Landes. Die vielen Kriege der letzten hundert Jahre der Assyrerherrschaft mit ihren oft brutalen Strafgerichten über die Bevölkerung müssen das reiche Land weithin entvölkert und wirtschaftlich ruiniert haben; die inneren Fehden zwischen den Aramäerstämmen und den zum Teil noch babylonischen Städten hatten ein Übriges getan. Schon Nabupolassar hatte, soweit ihm der Befreiungskampf gegen Assyrien Zeit und Kraft ließ, angefangen, Babylon neu zu befestigen, die Städte wieder aufzubauen und den Euphrat und die Kanäle zu regulieren; die meisten Arbeiten waren aber bei seinem Tode noch unvollendet. So hatte Nebukadrezar ein gewaltiges Arbeitsfeld vor sich, und er ging mit ebensoviel Energie und Ausdauer wie Umsicht an die Arbeit. Seine erste Fürsorge galt der Hauptstadt. Um sie gegen feindliche Angriffe zu schützen, wurde vor die gewaltig verstärkte Doppelmauer um die innere Stadt in einigem Abstand noch eine dreifache äußere Mauer gelegt, die zunächst jedenfalls noch weite, unbebaute Gebiete umschloß. Zur weiteren Sicherung gegen Angriffe von Norden legte er etwa 60 km nördlich der Stadt die sogenannte Medische Mauer an, die vom Euphrat ostwärts bis zum Tigris ging und nach alten Berichten 30 m hoch gewesen sein soll. In der Stadt errichtete er Tempel und Palastbauten, die es in ihren Ausmaßen mit den gewaltigen Palästen der Assyrer aufnehmen konnten. Alles bisherige stellte aber der große Haupttempel des Marduk in den Schatten mit seinem auf einer gestuften Hochterrasse gelegenen Hochtempel, der als „der Turm von Babel“ weltberühmt geworden ist. Die biblische Geschichte, die erzählt, daß dieser „Turm“ nicht vollendet werden konnte, ist etwa 300 Jahre vor Nebukadrezar

Abb. 40. Rekonstruktionsmodell des Marduktempels in Babylon mit dem 91 m hohen Turm von Babel.

niedergeschrieben worden. Unter ihm wurde das Bauwerk, wie auch der Grieche Herodot bezeugt, tatsächlich vollendet. Länge, Breite und Höhe betrugen gleichmäßig 91,5 m. Der zweistöckige Tempel mit einem annähernd quadratischen Grundriß von 24×22,5 Metern erhob sich über fünf massiven Kolossalstufen von zusammen 70 m Höhe und enthielt ein großes Prachtbett für den Gott (Abb. 40).

Abb. 41. Eine Fassade des ziegelreliefgeschmückten Ischtartors in Babylon nach der Wiederherstellung im Berliner Museum.

Dieses Bauwerk, das an Höhe den großen Pyramiden Ägyptens nahekommt, war aus luftgetrockneten Ziegeln mit einer Verschalung aus gebrannten Ziegeln errichtet. Erhalten ist von ihm heute fast nichts mehr, so daß wir für die im Einzelnen unsichere Rekonstruktion auf babylonische Maßangaben und griechische Berichte angewiesen sind. An der Ostseite des Tempels entlang nach Norden führte eine große Straße, die für die große Neujahrsprozession des Gottes Marduk benutzt wurde. Wo sie die innere Mauer schnitt, lag das noch heute bis zu 12 m Höhe anstehende Ischtar-Tor, das mit aus emaillierten Ziegeln zusammengesetzten mehrfarbigen Reliefs geschmückt war. Die auf ihnen dargestellten mythischen Tiere sollten Feinde und Dämonen abwehren. Einen Teil der Ziegelreliefs zeigt Abb. 41 nach der Wiederherstellung im Berliner Museum. Nördlich

Abb. 42. Löwe in farbigem Ziegelrelief von den Mauern längs der Prozessionsstraße in Babylon nach der Wiederherstellung im Berliner Museum.

vom Tor bis zur Außenmauer waren die Mauern beiderseits der Straße mit Löwenfiguren in gleicher Technik geschmückt (Abb. 42). Bei aller äußeren Pracht zeugt der Schmuck dieser Straße und des Tores mit seinen wenigen Motiven von einer Fantasielosigkeit der Künstler und ihrer Auftraggeber, die ein unverkennbares Zeichen kulturellen Rückganges ist; von einem Reliefschmuck, wie wir ihn von den assyrischen Palästen kennen, sind in Babylon keinerlei

Reste gefunden worden. Eine ähnliche Gedankenarmut finden wir in den wenigen Literaturwerken dieser geistig fast nur von der Vergangenheit lebenden Zeit. Von den aus wertvollen Metallen hergestellten Götterbildern der Zeit ist verständlicherweise nichts erhalten geblieben.

Kleiner und nicht ganz so prächtig waren die Bauwerke, mit denen Nebukadrezar die anderen babylonischen Städte schmückte; die meisten von ihnen waren Tempel. Daß er diese Bautätigkeit entfalten konnte, die an Umfang in älterer Zeit kaum ihresgleichen hatte, zeigt, wie schnell sich Babylonien unter seiner Herrschaft wirtschaftlich erholt hatte. Handel und Landwirtschaft blühten wie kaum jemals zuvor, da der König auch den Bau und die Unterhaltung der Kanäle nicht versäumte, ja nach einer Nachricht sogar ein großes Auffangbecken für das Frühjahrshochwasser anlegte. Erst damals wurde Babylon zur größten Stadt der damaligen Mittelmeerwelt und Babylonien zu dem bei weitem reichsten Land in ganz Westasien. Über die Persönlichkeit des Königs, der für sein Land das alles erreichte, können wir unseren Quellen leider sehr wenig entnehmen. Unverkennbar ist aber, daß er im Sinne der babylonischen Religion ein besonders frommer König war, der den Ruhm seiner Götter immer über den eigenen stellte und dem die Überheblichkeit vieler assyrischer Könige ganz fern lag. Er muß auch ein glänzender Organisator gewesen sein, obschon wir über seine Methoden im einzelnen nichts wissen. Sicher hat er von den Assyrern viel gelernt, ohne mit gleicher Brutalität wie sie vorzugehen. Die griechische und später auch die ihm verständlicherweise nicht freundliche biblische Überlieferung haben ihn merkwürdigerweise oft mit seinem vierten Nachfolger Nabonid zusammengeworfen, wodurch sein Bild stark entstellt wurde. Der Nebukadnezar des 400 Jahre jüngeren Danielbuches hat mit dem historischen König kaum noch etwas gemeinsam; wahrscheinlich ist Nebukadnezar dort im Grunde nur ein Deckname für den Seleukiden Antiochos Epiphanes.

Ein ebenbürtiger Nachfolger blieb Nebukadrezar, wie es scheint, versagt; sein Sohn wurde schon nach zwei Jahren von den Mardukpriestern beseitigt. Nach zwei weiteren kurzen Regierungen hoben die Priester aus uns unbekannten Gründen einen zunächst vielleicht auch als Priester erzogenen Aramäer aus dem (damals medischen)

Harran in Mesopotamien namens Nabonid (555 bis 539) auf den Thron, der möglicherweise sogar von teilweise assyrischer Herkunft war. Dieser letzte babylonische König ist für uns immer noch eine sehr rätselhafte Persönlichkeit. Seine Inschriften handeln wieder ganz überwiegend von den Bauten für die Götter. Dabei ist eine Bevorzugung des in Harran und in Ur in Babylonien verehrten Mondgottes Sin unverkennbar. Ob diese Bevorzugung, die die hauptstädtische Priesterschaft sehr verbitterte, ihren Grund in irgendwelchen religiösen Reformgedanken hatte oder mehr politisch motiviert war, ist für uns noch nicht erkennbar. Nach außen hin gab sich Nabonid jedenfalls durchaus nicht reformfreudig, sondern war noch viel mehr als seine Vorgänger darauf bedacht, die Tempel und ihr Inventar so genau wie möglich nach den früheren Plänen zu erneuern. Er ließ daher besonders gründlich nach den Bauurkunden früherer Könige in den Grundmauern der Tempel suchen, was ihm bei manchen modernen Forschern den Ruf eines Archäologen auf dem Königsthron eingebracht hat. Noch größere Verbitterung wurde in Babylonien daurch ausgelöst, daß er sich in seinen späteren Jahren viel und lange — man sprach von 7 oder 8 Jahren — in der arabischen Oase Tema aufhielt. Eine im Alten Testament erkennbare jüngere Überlieferung hat ihm das als Zeichen beginnenden Wahnsinns ausgelegt. Wahrscheinlich waren die Gründe dafür aber zum Teil politisch; denn die politische Lage im Norden und Osten hatte sich inzwischen beträchtlich geändert und war für Babylon äußerst bedrohlich geworden. Das medische Reich hatte seit dem Sieg über Assyrien auch die Oberhoheit über die stammverwandten Perser ausgeübt, die seit etwa 700 unter der Dynastie der Achämeniden standen. 559 war aber in Persien Kyros II. (der Große) König geworden, der sich mit der medischen Oberhoheit nicht mehr abfand. Wie es scheint, mit babylonischer Rückendeckung wandte er sich gegen den medischen König Astyages (585 bis 550) und setzte diesen 550 ab; Medien und Persien waren nun unter Kyros vereint. Nabonid, der bei der Gelegenheit seine Vaterstadt Harran zurückgewann, sollte bald merken, daß diese Veränderung für ihn das Gegenteil einer Entlastung brachte. 546 zerstörte Kyros das Lyderreich in Kleinasien unter Kroisos und nahm damit Babylonien den letzten Verbündeten. Es scheint nun, daß Nabonid, der über die Pläne des Kyros jetzt nicht mehr im Unklaren sein konnte, den wenig realisti-

schen Gedanken hatte, den Schwerpunkt seines Reiches in den Westen, in das Aramäergebiet zu verlegen, und daß er sich deswegen so lange in der Oase Tema aufhielt. Die Regentschaft in Babylonien hatte während dieser Zeit sein Sohn Belscharrussur, den das Buch Daniel unter dem Namen Belsazar als (den letzten) König von Babylon bezeichnet. Die Mardukpriester waren mit dieser Regelung höchst unzufrieden und begannen offenbar, mit Kyros zu konspirieren. Kyros konnte ihnen die völlig freie Ausübung ihres Kultes um so leichter zusagen, als die Achtung vor dem religiösen Bekenntnis der Untertanen ohnehin zu den Grundsätzen des Perserreiches gehörte. So kam es, daß der Angriff des Kyros, als er nach mehrjähriger Vorbereitung begann, in Babylonien nur noch auf geringen Widerstand stieß. Nach dem Sieg über das Feldheer Nabonids ergaben sich Babylon und die anderen großen Städte Babyloniens trotz der von Nebukadrezar angelegten gewaltigen Festungswerke 539 ohne Kampf dem Eroberer. Wenig später ergab sich auch Nabonid; er wurde von Kyros mit einer kleinen Herrschaft im Osten des Perserreiches belehnt, die er noch längere Zeit innehatte.

Babylonien wurde nun mit seinen westlichen Provinzen ein Teil des Perserreiches; trotz gelegentlicher Aufstände gewann es seine Freiheit nie mehr wieder. Kyros ließ eine Inschrift im babylonischen Stil aufsetzen, in der er behauptete, vom Gott Marduk in Babylonien eingesetzt zu sein. Die den Priestern gemachten Zusagen haben er und seine Nachfolger gehalten. Babylonien konnte weiter nach seinen eigenen religiösen und kulturellen Überlieferungen leben und erlebte noch eine längere wirtschaftliche Blütezeit. Aber die babylonische Kultur hatte keine wirkliche Lebenskraft mehr, da die inzwischen ganz aramaisierte und fast nur noch aramäisch sprechende Bevölkerung zu den alten Überlieferungen kein rechtes Verhältnis mehr hatte; ihre Pflege wurde immer mehr zu einer Angelegenheit gelehrter Priester. Trotzdem wurden die Keilschrift und ein stark aramaisiertes Babylonisch noch über 500 Jahre lang, allerdings in immer geringerem Umfang, geschrieben. Beide wichen erst mit der Hellenisierung unter Alexander dem Großen und seinen Nachfolgern nach und nach der aramäischen und der griechischen Schrift und Sprache. Alexander wollte Babylon sogar zur Hauptstadt seines Weltreiches machen. So gab es also in Babylonien nicht wie in Assyrien eine alles auslöschende Katastrophe, sondern ein

ganz langsames Absterben einer nicht mehr erneuerungsfähigen Kultur und in Verbindung damit auch einen zunehmenden wirtschaftlichen Verfall des Landes.

Es war eine recht bunte Reihe sehr verschiedenartiger Persönlichkeiten, die wir leider nur flüchtig und ohne näheres Eingehen auf viele interessante Einzelheiten an unserem Blick vorüberziehen lassen konnten. Hätten wir noch weitere Herrscher und Männer, die sie unterstützten, mit einbezogen, so wäre das Bild noch bunter geworden. Ich denke aber, daß der Leser auch so einen Eindruck von der persönlichen Art und der Leistung einiger von den vielen Königen Babyloniens und Assyriens bekommen hat, zu denen wir ja nicht nur infolge der langen seitdem verstrichenen Zeit so schwer den rechten Zugang gewinnen. Trotz aller Fremdartigkeit des orientalischen Königtums stießen wir immer wieder auf uns sehr vertraute menschliche Züge, mochten sie anziehend oder abstoßend sein, Hochmut und Angst, Überheblichkeit und echte Frömmigkeit, leichtfertigen Mißbrauch menschlicher Arbeitskraft und treue Fürsorge für die Untertanen. Obwohl die Quellen fast nie die Zeichnung so plastischer Persönlichkeitsbilder erlauben, wie das bei vielen Männern und Frauen des klassischen Altertums möglich ist, wird es deutlich geworden sein, daß bei aller Verschiedenheit der Völker, Religionen und Kulturen den politisch führenden Persönlichkeiten überall sehr ähnliche Aufgaben gestellt sind, an denen sie sich zu bewähren haben und denen gegenüber sie so oft versagen.

Anlaß zu überheblicher Kritik an ihnen haben wir in keinem Fall, nachdem wir mit Beschämung erfahren mußten, wie wenig die Menschheit im letzten Grunde seit dieser fernen Zeit weitergekommen ist. Das Nachdenken über ihre Taten und Unterlassungen kann aber, wenn es recht geschieht, zu einem Stück der geschichtlichen Besinnung werden, die wir heute so bitter nötig haben. Wir müßten uns allerdings endlich bereit finden, aus der Geschichte für die Gegenwart und Zukunft zu lernen und in ihr nicht nur Entschuldigungen für unser heutiges Versagen zu suchen.

Namenverzeichnis

Moderne geographische Namen sind nur aufgeführt, wenn historisch von Bedeutung. S ist in den alten Namen stets scharf zu sprechen (wie ss), z wie in französischen Wörtern als stimmhaftes s (wie in „sein").